> Biotechnologische Energieumwandlung in Deutschland

Stand, Kontext, Perspektiven

acatech (Hrsg.)

acatech POSITION
Juni 2012

Herausgeber:

acatech – Deutsche Akademie der Technikwissenschaften, 2012

Geschäftsstelle	Hauptstadtbüro	Brüssel-Büro
Residenz München	Unter den Linden 14	Rue du Commerce/Handelsstraat 31
Hofgartenstraße 2	10117 Berlin	1000 Brüssel
80539 München		Belgien
T +49(0)89/5203090	T +49(0)30/206309610	T + 32(0)25046060
F +49(0)89/5203099	F +49(0)30/206309611	F + 32(0)25046069

E-Mail: info@acatech.de
Internet: www.acatech.de

Empfohlene Zitierweise:
acatech (Hrsg.): *Biotechnologische Energieumwandlung in Deutschland.*
Stand, Kontext, Perspektiven (acatech POSITION), Heidelberg u.a.: Springer Verlag 2012.

ISSN 2192-6166 / ISBN 978-3-642-30478-1 / ISBN 978-3-642-30479-8 (eBook)

DOI 10.1007/978-3-642-30479-8

Bibliografische Information der Deutschen Nationalbibliothek
Die Deutsche Nationalbibliothek verzeichnet diese Publikation in der Deutschen Nationalbiografie;
detaillierte bibliografische Daten sind im Internet unter http://dnb.d-nb.de abrufbar.

Springer Vieweg
© Springer-Verlag Berlin Heidelberg 2012

Das Werk einschließlich aller seiner Teile ist urheberrechtlich geschützt. Jede Verwertung, die nicht
ausdrücklich vom Urheberrechtsgesetz zugelassen ist, bedarf der vorherigen Zustimmung des Verlags.
Das gilt insbesondere für Vervielfältigungen, Bearbeitungen, Übersetzungen, Mikroverfilmungen und die
Einspeicherung und Verarbeitung in elektronischen Systemen.
Die Wiedergabe von Gebrauchsnamen, Handelsnamen, Warenbezeichnungen usw. in diesem Werk
berechtigt auch ohne besondere Kennzeichnung nicht zu der Annahme, dass solche Namen im Sinne der
Warenzeichen- und Markenschutz-Gesetzgebung als frei zu betrachten wären und daher von jedermann
benutzt werden dürften.

Koordination: Dr. Marc-Denis Weitze
Redaktion: Holger Schnell, Linda Tönskötter
Layout-Konzeption: acatech
Konvertierung und Satz: Fraunhofer-Institut für Intelligente Analyse- und Informationssysteme IAIS,
Sankt Augustin

Gedruckt auf säurefreiem Papier

Springer Vieweg ist eine Marke von Springer DE. Springer DE ist Teil der Fachverlagsgruppe
Springer Science+Business Media
www.springer-vieweg.de

> INHALT

KURZFASSUNG		4
PROJEKT		7
VORBEMERKUNG		8
1 EINLEITUNG		9
2 BIOTECHNOLOGISCHE ENERGIEUMWANDLUNG: ERNEUERBARE ENERGIE AUS BIOMASSE		12
	2.1 Aktuelle Situation der biotechnologischen Energieumwandlung	12
	2.2 Entwicklung der gesetzlichen Rahmenbedingungen zu Bioenergie	18
	2.3 Gesellschaftliche Rahmenbedingungen	21
	2.4 Gesellschaftliche Akzeptanz	23
3 KURZCHARAKTERISTIK DER BIOTECHNOLOGISCHEN VERFAHREN UND WERKZEUGE		24
	3.1 Kommerzielle Verfahren	25
	3.2 Pilot- und Demonstrationsstufe	25
	3.3 Forschung und Entwicklung	25
	3.4 Produktionssysteme und biotechnologische Werkzeuge	26
4 EMPFEHLUNGEN		27
ANHANG: VERFAHREN UND WERKZEUGE DER BIOTECHNOLOGISCHEN ENERGIEUMWANDLUNG		29
LITERATUR		37

KURZFASSUNG

Bis 2022 wird Deutschland aus der Kernkraft aussteigen und das Energiesystem zum Teil auf erneuerbare Energien umstellen. Neben Sonnenenergie und Windkraft nimmt dabei die Biomasse einen zentralen Platz ein: Mehr als zwei Drittel der heute bereitgestellten erneuerbaren Energie werden aus Biomasse gewonnen. In der regenerativen Wärme- und Kraftstoffversorgung ist Biomasse der Hauptenergieträger. Ein Verfahren, um aus Biomasse speicherbare Energie zu gewinnen, ist die biotechnologische Energieumwandlung.

Was ist biotechnologische Energieumwandlung?

Wie bei allen Bioenergie-Linien werden bei der biotechnologischen Energieumwandlung Strom, Wärme und Kraftstoffe nicht aus endlichen Rohstoffvorräten, den fossilen Quellen, gewonnen, sondern nachwachsende Rohstoffe genutzt. Bei der biotechnologischen Energieumwandlung wandeln Enzyme, Zellen oder ganze Organismen die Biomasse in stoffliche Energieträger wie Methan (Biogas) oder Ethanol um. Gegenüber chemischen Verfahren, die derzeit etwa zur Biodieselherstellung aus Pflanzenölen eingesetzt werden, kann die biotechnologische Umwandlung unter Einsatz von weniger Prozessenergie und dezentral eingesetzt werden. Dazu können unterschiedlichste Ausgangsstoffe verwendet werden. Biogas wird durch Vergärung von Gülle und Viehmist sowie von Pflanzenbiomasse (derzeit vor allem Mais) erzeugt. In Blockheizkraftwerken (BHKW) wird das Biogas in Strom und Wärme umgewandelt. Biogas wird aber auch zum Heizen oder als Treibstoff in Kraftfahrzeugmotoren genutzt. Bioethanol entsteht durch die Vergärung von zucker- und stärkehaltigen Pflanzen; biotechnologische Verfahren zur Umwandlung von Lignozellulosen befinden sich im Pilot- bzw. Demonstrationsstadium. Es kann als Kraftstoff in Ottomotoren Verwendung finden. Als prominentes Beispiel hierfür sorgte jüngst der Ethanol-Kraftstoff E10 (10 Prozent Ethanol-Anteil) für Schlagzeilen. Das neue Angebot an deutschen Tankstellen führte zu heftigen Debatten über die technische Anwendungssicherheit und Nachhaltigkeit.

Biomasse sollte dort zum Einsatz kommen, wo sie unersetzlich ist: als speicherbarer Energieträger für Kraftstoffe.

Die erneuerbare Energie aus nachwachsender Biomasse adressiert die aktuellen Herausforderungen unseres Energiesystems. Sie kann dem Klimawandel durch reduzierte Treibhausgasemissionen begegnen, die Abhängigkeit der Energieversorgung von den endlichen fossilen Quellen verringern und ökologisch und sozial nachhaltiges Wirtschaften ermöglichen. Für die Stromerzeugung stehen mit Wind- und Solartechnik effektive Alternativen zu fossilen Energieträgern und Atomkraft zur Verfügung, die auf der gleichen Fläche mehr Energie produzieren können als Biomasse. Die Energieerzeugung aus Biomasse liefert hingegen Energieträger wie Biogas, Bioethanol oder andere Stoffe. Diese sind gut speicherbar und transportierbar. Damit ist Biomasse besonders zur Versorgung mit Kraftstoffen geeignet.

„Tank oder Teller": Biotechnologisch hergestellter Kraftstoff kann den Konflikt entschärfen.

Die Biokraftstoffe sollten mithilfe biotechnologischer Verfahren der sogenannten 2. Generation hergestellt werden. Das sind Verfahren, die Reststoffe der Land- und Forstwirtschaft sowie Abwässer und Abgase nutzen. Zurzeit werden vorrangig Öle, Stärke und Zucker, die in erster Linie Lebensmittel sind, in speicherbare Bioenergieträger umgewandelt, da ihre Umwandlung chemisch bzw. biotechnologisch relativ einfach zu erreichen ist. Aufgrund des rasanten Wachstums der Weltbevölkerung und der steigenden Nachfrage nach Lebens- und Futtermitteln konkurrieren energiereiche Biomasse und Pflanzen zur Lebensmittelversorgung immer stärker um die begrenzten Agrarflächen. Der Konflikt kann nur entschärft werden, wenn zur Kraftstoffversorgung mit Bioethanol und -gas nicht für Lebensmittel geeignete Roh- bzw. Reststoffe verwendet werden. So stehen die begrenzten Agrarflächen weiterhin für die Lebensmittelproduktion zur Verfügung.

Die entschärfte Agrarflächenkonkurrenz kann die Preise für Lebensmittel und Bioenergiepflanzen entkoppeln; die stark gestiegenen Marktpreise für Lebensmittel in der jüngsten Vergangenheit wurden unter anderem auf den verstärkten Anbau von Bioenergiepflanzen zurückgeführt.

Die Verwendung von Reststoffen hat auch ökologische Vorteile gegenüber der Nutzung von Biomasse vom Acker: Sie verursacht keine zusätzlichen Treibhausgasemissionen durch Düngung. Biotechnologische Verfahren können Rest- und Abfallstoffe dezentral vor Ort in Energie umwandeln. Dies ermöglicht kurze Transportwege.

Biotechnologische Energieumwandlung eröffnet ökonomische Chancen. Für den Markterfolg müssen Politik und Wirtschaft förderliche Rahmenbedingungen schaffen.

Die biotechnologische Energieumwandlung ermöglicht eine gekoppelte Produktion von Energie und höherwertigen Chemikalien. Darüber hinaus können die Gärreste als Dünger in die Landwirtschaft zurückgeführt werden und sie dienen auch der Humusbildung. Die Weiterentwicklung dieser Verfahren eröffnet deutschen Unternehmen damit bedeutende Wertschöpfungsmöglichkeiten. Auch im internationalen Wettbewerb kann sich Deutschland als Anlagenexporteur mit biotechnologischen Verfahren und Energieträgern platzieren: Der weltweite Gesamtmarkt für Ethanol liegt bei über 100 Milliarden Liter; die erwarteten Kapazitäten für Ethanol der 2. Generation erreichen in den nächsten drei Jahren jedoch erst wenige Prozent der Gesamtproduktion. Das Potenzial für biotechnologisch hergestellte Kraftstoffe und entsprechende Technologien ist groß. Allerdings werden sich Biokraftstoffverfahren der 2. Generation zuerst in USA, Europa und Schwellenländern etablieren, wo es bereits Pilotanlagen gibt. Deutschland ist zwar in der Forschung zur biotechnologischen Energieumwandlung weltweit führend, die Kommerzialisierung neuer Linien der 2. Generation findet jedoch verstärkt in anderen Ländern statt. Um das Wertschöpfungspotenzial zu heben, muss Deutschland im internationalen Wettbewerb aufholen.

Bisher sind Verfahren zur Gewinnung stofflicher Energieträger aus Restrohstoffen noch nicht am Markt etabliert. Gegenüber der einfachen Umsetzung von Öl oder Zucker erfordern sie einen höheren technologischen Aufwand. Die Internationale Energieagentur (IEA) sieht bis 2050 geringere Produktionskosten für konventionelles Ethanol gegenüber Ethanol aus lignocellulosischen Reststoffen wie Stroh, Bagasse und anderen Ernterückständen. Auch eine Konkurrenzfähigkeit zu fossilen Treibstoffen wird für Lignocellulose-Ethanol erst langfristig erwartet. Die Umwandlung von Nicht-Lebensmittelrohstoffen in speicherbare Energieträger ist möglich und langfristig auch wirtschaftlich. Trotzdem ist das aufwendigere Verfahren derzeit eine hohe Hürde für eine Etablierung am Markt.

Auch bei erfolgreicher Kommerzialisierung steht die biotechnologische Energieumwandlung aus Restrohstoffen vor einer großen Herausforderung: Bereits heute ist abzusehen, dass nicht genügend Biomasse für flüssige Energieträger zur Verfügung stehen wird, um die Bioenergieziele der EU im Kraftstoffsektor zu erreichen, wenn sich Biomasseverbrennung im gleichen Maße wie bisher steigert. Um die Verheizung von Biomasse zugunsten der biotechnologischen Kraftstoffgewinnung zu reduzieren, muss der Dialog mit der Bevölkerung gesucht werden. Denn trotz breiter Zustimmung für erneuerbare Energien kann die Biotechnologie in der Gesellschaft auf Vorbehalte stoßen.

Empfehlungen in Kürze

1. **Förderung von Forschung und Entwicklung**
acatech empfiehlt, die biotechnologische Energieumwandlung der 2. Generation bis zur Marktreife weiter zu entwickeln. Die im 6. Energieforschungsprogramm der Bundesregierung genannte Unterstützung bis zur

Demonstration der großmaßstäblichen Eignung ist wesentlich für eine erfolgreiche Etablierung. Die Entwicklung von Verfahren zur Nutzung von Rest- und Abfallstoffen sollte weiterhin gefördert werden.

2. Nutzungsstrategie

acatech empfiehlt, die Verteilung der Rohstoffe in die verschiedenen Segmente politisch zu steuern, insbesondere eine Verbrennung der Rohstoffe nicht noch weiter zu fördern. Mit der gezielten Förderung von Technologien für Biokraftstoffe, die nicht in der Konkurrenz zu Lebensmitteln stehen, sollte daher deren Kommerzialisierung erleichtert und unterstützt werden. Ähnlich sichere und langfristig stabile gesetzliche Rahmenbedingungen, wie es das Erneuerbare-Energien-Gesetz für regenerativen Strom gewährt, werden auch für Biokraftstoffe gebraucht. Anreize für eine verstärkte Verbrennung sollten abgebaut werden.

3. Internationale Kooperationen

acatech empfiehlt, internationale Kooperationen mit biomassereichen Ländern bei der Verfahrensentwicklung auszubauen. Sie sind essenziell für eine erfolgreiche Behauptung am Markt. Die Stärke der deutschen Verfahrenstechnik kann hier in der Prozessoptimierung zu beiderseitigem Vorteil eingesetzt werden.

4. Ausbildung

acatech empfiehlt, die Interdisziplinarität der Forschung vom „Gen bis zum Kraftstoff" gezielt in die Ausbildung von Naturwissenschaftlern und Ingenieuren zu integrieren. Die Auseinandersetzung mit Technikfolgen und Sicherheitskonzepten sollte sowohl in die Ausbildung als auch in jedes Forschungsprojekt integriert werden.

5. Kommunikation

acatech empfiehlt, in der öffentlichen Kommunikation deutlich zu machen, dass eine biobasierte, nachhaltige Wirtschaft nicht ohne Technik und neue Technologien möglich ist. Auch beim Thema „biotechnologische Energieumwandlung" muss die Öffentlichkeit über Vor- und Nachteile der Bereitstellungswege – fossil oder biomassebasiert – informiert werden.

PROJEKT

> **Projektleitung**
- Prof. Dr. Thomas Bley, Technische Universität Dresden / acatech

> **Projektgruppe**
- Prof. Dr. Frank Behrendt, Technische Universität Berlin / acatech
- Prof. Dr. Thomas Bley, Technische Universität Dresden / acatech
- Holger Gassner, RWE Innogy GmbH
- Dr. Jochem Henkelmann, BASF SE
- Dr. Manfred Kircher, Cluster Industrielle Biotechnologie
- Dr. Stephan Krinke, Volkswagen AG
- Prof. Dr. Alfred Pühler, Universität Bielefeld / acatech
- Dr. Markus Rarbach, Süd-Chemie AG
- Prof. Dr. Thomas Scheper, Universität Hannover / acatech
- Prof. Dr. Ulrich Stottmeister, Sächsische Akademie der Wissenschaften / acatech
- Prof. Dr. Christian Wandrey, Forschungszentrum Jülich GmbH / acatech
- Dr. Martin Wolf, Bayer Technology Services GmbH

> **Reviewer**
- Prof. Dr. Utz-Hellmuth Felcht, One Equity Partners Europe GmbH / acatech Präsidium (Leitung)
- Prof. Dr. Bernd Müller-Röber, Universität Potsdam / acatech
- Prof. Dr. Günther Wess, Helmholtz Zentrum München / acatech
- Prof. Dr. Georg Gübitz, Technische Universität Graz

acatech dankt allen externen Fachgutachtern. Die Inhalte der vorliegenden Position liegen in der alleinigen Verantwortung von acatech.

> **Aufträge / Mitarbeiter**
- Dr. Anke Mondschein, Technische Universität Dresden

> **Projektkoordination**
- Dr. Marc-Denis Weitze, acatech Geschäftsstelle

> **Projektverlauf**
Projektlaufzeit: 7/2011 – 4/2012

Diese acatech POSITION wurde im Mai 2012 durch das acatech Präsidium syndiziert.

Ausgehend von Workshops zum Thema, die acatech im Projektvorfeld am 22. Oktober 2008 in Berlin und – gemeinsam mit dem BioÖkonomieRat – am 4. Februar 2011 in Leipzig veranstaltet hat, wurden eine Literaturrecherche und eine Reihe von Experteninterviews durchgeführt.

Auf dieser Basis wurden gemeinsam mit der Projektgruppe die Position erstellt und die Empfehlungen abgeleitet.

Experteninterviews wurden geführt mit:

- Dr. Walter Böhme, OMV
- Prof. Dr. Eckhard Boles, Universität Frankfurt
- Dr. Thorsten Gottschau, FNR
- Dr. Lutz Guderjahn, CropEnergies
- Prof. Dr. Katharina Kohse-Höinghaus, Universität Bielefeld
- Dr. Achim Marx, CLIB 2021
- Dr. Murillo Villela Filho
- Dr. Ulrike Schmidt-Staiger, Fraunhofer IGB
- Prof. Dr. Frank Scholwin, DBFZ
- Prof. Dr. Gerhard Stucki, SATW
- Prof. Dr. Christian Wilhelm, Universität Leipzig
- Prof. Dr. An-Ping Zeng, Technische Universität Hamburg-Harburg
- Dr. Yelto Zimmer, VTI

> **Finanzierung**
acatech dankt dem acatech Förderverein für seine Unterstützung.

VORBEMERKUNG

Vor dem Hintergrund der Diskussion um die Nutzung von Biomasse für die Energieerzeugung insgesamt und für Biokraftstoffe im Besonderen haben acatech – Deutsche Akademie der Technikwissenschaften, Leopoldina – Nationale Akademie der Wissenschaften und der bei acatech angesiedelte BioÖkonomieRat das Thema aufgegriffen und im Jahr 2011 Arbeitsgruppen zu dessen Bearbeitung eingesetzt. Unter gegenseitiger Abstimmung wurden unterschiedliche Schwerpunkte für die von ihnen erarbeiteten Positionspapiere bzw. Stellungnahmen gesetzt und Empfehlungen dazu vorgelegt.

Das Papier des BioÖkonomieRats[1] fordert eine politische Neubewertung der kohlenstoffbasierten Quellen unter Berücksichtigung aller Nutzungspfade: Ernährung, stoffliche Nutzung, Energie.

Leopoldina setzt den Schwerpunkt auf eine kritische Analyse der Verfügbarkeit von Biomasse unter den Aspekten Klimaschutz und Nachhaltigkeit, zeigt technologische Möglichkeiten einer effektiveren Bioenergienutzung auf und stellt vielversprechende Ansätze zur biologischen Erzeugung von Wasserstoff vor.[2]

acatech geht von den derzeitigen politischen und ökonomischen Rahmenbedingungen aus und leitet von diesem Standpunkt Empfehlungen ab. Wie können die durch die Legislative gesetzten Ausbauziele für regenerative Energien mit der verfügbaren Biomasse mit welchen Technologien am besten erreicht werden, ohne die Nahrungsmittelversorgung zu beeinträchtigen?

Die Empfehlungen des BioÖkonomieRats wurden am 20. Januar 2012 in der Bundespressekonferenz vorgestellt und den fünf hauptsächlich betroffenen Ressorts übergeben.

Das acatech Positionspapier wurde erstmals am 21. Juni 2012 auf dem „Biotechnological Energy Conversion: Challenges and Opportunities" Kongress im Rahmen der Achema in Frankfurt / Main der Öffentlichkeit präsentiert.

---

[1] BioÖkonomieRat 2012.
[2] Leopoldina 2012.

1 EINLEITUNG

Bis 2022 wird Deutschland aus der Kernkraft aussteigen und das Energiesystem zum Teil auf erneuerbare Energien umstellen. Neben Sonnenenergie und Windkraft nimmt dabei die Biomasse einen zentralen Platz ein: Mehr als zwei Drittel der heute bereitgestellten erneuerbaren Energie werden aus Biomasse gewonnen. In der regenerativen Wärme- und Kraftstoffversorgung ist Biomasse sogar der Hauptenergieträger. Die Nutzung von erneuerbaren Energien aus nachwachsender Biomasse zielt auf die Bekämpfung des Klimawandels, auf eine Verringerung der Abhängigkeit der Energieversorgung von den endlichen fossilen Quellen und auf ökologisch und sozial nachhaltiges Wirtschaften. Die Energieerzeugung aus Biomasse kann darüber hinaus speicherbare, stoffliche Energieträger und Kraftstoffe liefern.

Dennoch wurde Bioenergie in den vergangenen Jahren in Politik und Öffentlichkeit kontrovers diskutiert. So hatte Bioenergie ökologisch bedenkliche landwirtschaftliche Monokulturen zur Folge und trug zur Zerstörung von Regenwald sowie anderen naturnahen Lebensräumen bei. Aufgrund begrenzter Agrarflächen steht der Anbau energiereicher Biomasse in Konkurrenz zum Anbau von Pflanzen zur Lebensmittelversorgung.

Grundsätzlich kann Bioenergie je nach Umwandlungsverfahren der Strom-, Wärme- und Kraftstoffversorgung dienen. Zur Bioenergie zählt

— die Verbrennung von Biomasse zur Wärme- oder Stromerzeugung (thermische Umwandlung),
— die Gewinnung von Pflanzenöl aus Biomasse beispielsweise als Grundstoff für Biodiesel (physikalisch-chemische Umwandlung),
— die Vergasung oder Verkohlung von Biomasse (thermochemische Umwandlung)
— sowie die biotechnologische Energieumwandlung.

Was ist biotechnologische Energieumwandlung?
Bei allen Bioenergie-Linien werden Strom, Wärme bzw. Kraftstoffe nicht aus endlichen Rohstoffvorräten, den fossilen Quellen, gewonnen, sondern nachwachsende Rohstoffe genutzt. Bei der Pflanzenölproduktion (Raps- und Palmöl) aus Biomasse und gegebenenfalls nachfolgenden Umsetzungen zur Biodieselherstellung kommen chemische Verfahren zum Einsatz. Bei der biotechnologischen Energieumwandlung leisten hingegen Enzyme, Zellen (Bakterien) oder ganze Organismen (Pilze) die Umwandlung der Biomasse in Energieträger wie Biogas oder Ethanol. Dazu können unterschiedlichste Ausgangsstoffe eingesetzt werden. Biogas wird durch Vergärung von Gülle und Viehmist und von Pflanzenbiomasse (derzeit vor allem Mais) erzeugt. In Blockheizkraftwerken (BHKW) wird das Biogas in Strom umgewandelt. Biogas wird aber auch zum Heizen oder als Treibstoff in Kraftfahrzeugmotoren genutzt. Bioethanol entsteht durch die Vergärung von zucker- und stärkehaltigen Pflanzen wie Zuckerrüben, Mais oder Getreide. Es kann als Kraftstoff in Ottomotoren Verwendung finden. Als prominentes Beispiel hierfür sorgte jüngst der Ethanol-Kraftstoff E10 (10 Prozent Ethanol-Anteil) für Schlagzeilen. Das neue Angebot an deutschen Tankstellen führte zu heftigen Debatten über die technische Anwendungssicherheit und Verwendung von Lebensmittel-Rohstoffen zur Energieerzeugung.

Zum Verbrennen zu schade: Umwandlung zu speicherbaren Energieträgern
Der Vorteil biotechnologischer oder chemischer Verfahren gegenüber der Verbrennung von Biomasse zur Wärme- oder Stromerzeugung ist, dass sie stoffliche Energieträger hoher Energiedichte (zum Beispiel Biogas, Ethanol) liefern. Diese sind gut speicherbar und transportierbar. Während Strom auch effektiv durch andere erneuerbare Energien wie Sonnen- und Windkraft erzeugt wird, sollte Biomasse als Rohstoff dort Verwendung finden, wo sie strategisch im regenerativen Energiemix benötigt wird: für speicherbare Energieträger.

Biotechnologische Energieumwandlung

Vor allem für die Gewährleistung von Mobilität sind Energieträger mit einer hohen Energiedichte (flüssige Kraftstoffe) unverzichtbar. Trotz der fortschreitenden Erfolge bei der E-Mobilität werden für Last- und Flugverkehr Batterien wirtschaftlich voraussichtlich nicht realisierbar sein. Auch bei PKWs wird der Anteil der Elektromobilität an der deutschen Kraftfahrzeugflotte bis 2020 nur wenige Prozent erreichen. Flüssige Kraftstoffe sind jedoch bislang nur auf fossiler Basis herstellbar – oder mit Biomasse. Am Markt bewährt haben sich bisher neben der chemischen Umsetzung von pflanzlichen Ölen vor allem biotechnologische Verfahren zur Konversion von Biomasse in Kraftstoffe und speicherbare Energieträger.

Biotechnologie kann die Konkurrenz „Tank oder Teller" entschärfen.

Das Potenzial für die Erzeugung von Energie aus Biomasse ist jedoch nicht unendlich. Es ist Konsens, dass die Energiegewinnung nicht zulasten der Lebensmittelproduktion, vor allem in Entwicklungsländern, ausgebaut werden darf. Die „Tank- oder Teller"-Diskussion der zurückliegenden Jahre zeigte deutlich, dass auch der Ausbau der Bioenergienutzung durch geeignete Rahmenbedingungen gesteuert werden muss und kann. So weisen etwa das Büro für Technikfolgenabschätzung[3], die Leopoldina[4] und der BioÖkonomieRat[5] darauf hin, dass aufgrund der prognostizierten Zunahme der Weltbevölkerung und des Verbrauchs tierischer Produkte die Nachfrage nach Lebens- und Futtermitteln noch steigen wird. Damit

Abbildung 1: Zusammensetzung der terrestrischen Biomasse – Potenzial für biotechnologische Energiegewinnung der 2. Generation. (Die gesamte terrestrische Biomasseproduktion liegt bei 120 Milliarden Tonnen pro Jahr.) Quelle: GDCh Fachgruppe, Umweltchemie und Ökotoxikologie

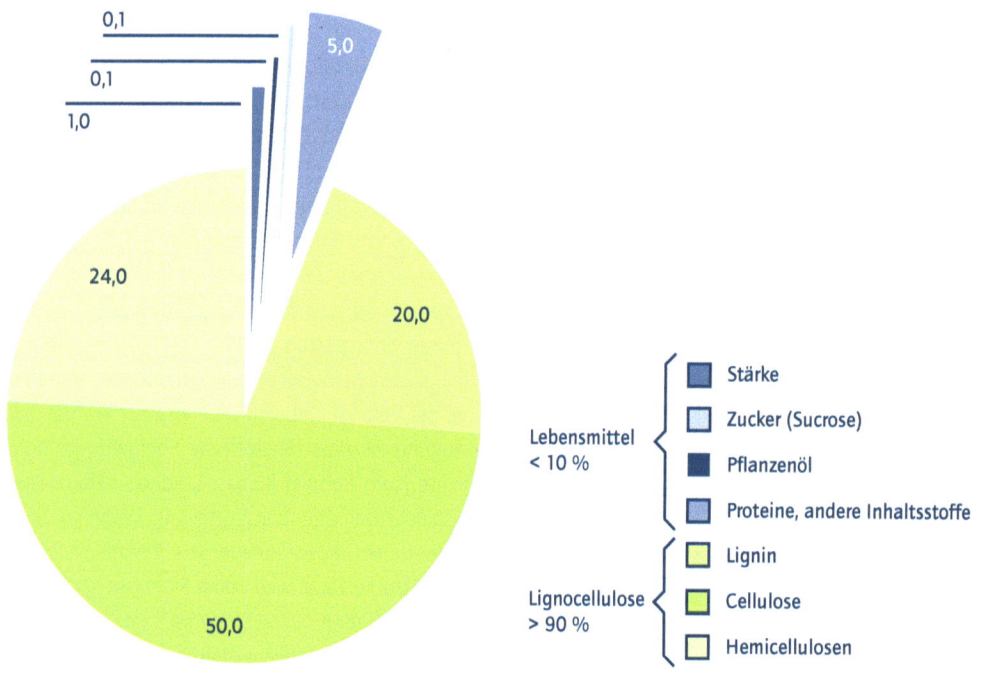

[3] TAB 2010.
[4] Leopoldina 2012.
[5] BioÖkonomieRat 2012.

nimmt auch die Konkurrenz um landwirtschaftliche Nutzflächen zu. Dieser Konflikt kann entschärft werden, wenn sich der weitere Ausbau der energetischen Nutzung von Biomasse vorrangig auf die Nutzung von nicht für Lebensmittel geeigneten Roh- bzw. Reststoffen konzentriert. So kann der ethische Konflikt "Tank oder Teller" vermieden werden. Die Verwendung von Reststoffen verursacht keine zusätzlichen Treibhausgasemissionen (THG-Emissionen) durch Düngung. Die entschärfte Agrarflächenkonkurrenz kann darüber hinaus die Preise für Lebensmittel und Bioenergiepflanzen entkoppeln; die stark gestiegenen Marktpreise für Lebensmittel in der jüngsten Vergangenheit wurden unter anderem auf den verstärkten Anbau von Bioenergiepflanzen zurückgeführt.

Verfahren, die Restrohstoffe, wie die lignocellulosischen Nebenprodukte der Land- und Forstwirtschaft (wie Stroh) sowie Abwässer nutzen, werden auch als biotechnologische Energieumwandlung der „2. Generation" bezeichnet. Bislang sind Verfahren zur Gewinnung stofflicher Energieträger aus Restrohstoffen jedoch noch nicht am Markt etabliert. Abb. 1 illustriert, wie groß deren Potenzial gegenüber der Lebensmittelproduktion ist. Proteine, Stärke und Zucker, die wesentlichen Bestandteile in Lebensmitteln, machen wenige Prozent der terrestrischen Biomasse aus, der Anteil der Lignocellulosen an der Gesamtbiomasse liegt hingegen deutlich über 90 Prozent.

Zurzeit werden vorrangig Öle, Stärke und Zucker, die auch als Lebensmittel dienen können, in speicherbare Bioenergieträger umgewandelt, da ihre Umwandlung chemisch bzw. biotechnologisch relativ einfach zu erreichen ist. Mithilfe biotechnologischer Verfahren könnte auch das große Potenzial lignocellulosischer Rohstoffe für speicherbare Energieträger oder Kraftstoffe genutzt werden. Diese Energieträger sind in einem regenerativen Energiemix unverzichtbar und erweitern sinnvoll die bisherige energetische Nutzung von Lignocellulosen durch Verbrennung.

Gegenüber der einfachen Umsetzung von Öl oder Zucker erfordern diese Verfahren einen höheren Aufwand.[6] Trotzdem haben biotechnologische Verfahren gegenüber chemischen Verfahren und gegenüber der Verbrennung von Biomasse zur Wärme- oder Stromerzeugung spezifische Vorteile:

1. Abfälle werden mithilfe biotechnologischer Verfahren zu Energieträgern. Biotechnologische Verfahren können unter milden Bedingungen Rest- und Abfallstoffe umsetzen und sind damit auch für dezentrale Anwendungen gut geeignet. Rohstoffe können vor Ort verwendet werden und ermöglichen kurze Transportwege.

2. Biotechnologische Verfahren produzieren im Gegensatz zur thermischen Verwertung (Verbrennung) von Biomasse einfach lagerfähige stoffliche Energieträger einer hohen Energiespeicherdichte. Sie ergänzen damit andere, weniger gut speicherbare regenerative Energien.

3. Biotechnologische Verfahren benötigen weniger Prozessenergie – sowohl bei der Stoffwandlung als auch bei der Stoffproduktion – als vergleichbare, klassische chemische Verfahren. Die Weiterentwicklung der Verfahren für eine gekoppelte Produktion von Energie und höherwertigen Chemikalien eröffnet bedeutende Wertschöpfungspotenziale in Deutschland.

Die vorliegende POSITION hebt die Bedeutung der biotechnologischen Energieumwandlung aus anwendungs- und verfahrenstechnischer Sicht heraus. In den folgenden Kapiteln wird weiter ausgeführt, wie die biotechnologische Energieumwandlung insbesondere dann einen herausragenden Beitrag zur Versorgungssicherheit in Deutschland und zur Reduktion von Treibhausgasemissionen leisten kann, wenn Nachhaltigkeitskriterien angelegt werden – und dass sich in diesem Feld gerade für Deutschland bedeutende Wertschöpfungsmöglichkeiten eröffnen.

---

6   Pflanzen synthetisieren Lignocellulosen auch deswegen, weil diese durch Mikroorganismen schwer abbaubar sind (vgl. Thauer 2008).

2 BIOTECHNOLOGISCHE ENERGIEUMWANDLUNG: ERNEUERBARE ENERGIE AUS BIOMASSE

2.1 AKTUELLE SITUATION DER BIOTECHNOLOGISCHEN ENERGIEUMWANDLUNG

Die Bedeutung der Bioenergie innerhalb der regenerativen Energien ist weltweit und auch in Deutschland hoch. Die Nationale Forschungsstrategie Bioökonomie 2030 geht davon aus, dass die Bedeutung von Bioenergie noch zunehmen wird.[7] Die Zahlen der vergangenen Jahre verdeutlichen dies: Der Biomasseanteil an erneuerbarer Energie in Deutschland wuchs von 2000 bis 2010 von 61 auf 71 Prozent. Biomasse stellt in Deutschland mehr als zwei Drittel der erneuerbaren Energie (Abb. 2 A).

Biotechnologische Verfahren konkurrieren um die verfügbare Biomasse mit thermischen (Verbrennung) oder thermo-chemischen Verfahren der Energiegewinnung. Spezifische Vorzüge biotechnologischer Verfahren sind hierzu im Vergleich vor allem zu sehen in:

— der Nutzung wasserhaltiger Ausgangssubstanzen und der Nutzung wässriger Abfallströme, die thermisch nicht genutzt werden können,
— der Generierung von Energieträgern hoher Energiespeicherdichte und
— der Schließung regionaler (Nährstoff-) Kreisläufe durch die Nutzung der Gärreste für die Humusreproduktion.[8]

Abb. 2 A zeigt, dass der größte Anteil der Biomasse zur Wärmeerzeugung genutzt, also verbrannt wird. Biotechnologische Prozesse zeigen ihre Vorteile bei der Kraftstofferzeugung

Abbildung 2 A: Anteil der Bioenergie[9] an der gesamtem regenerativen Energieerzeugung in Deutschland 2010 (Daten: FNR 2011)

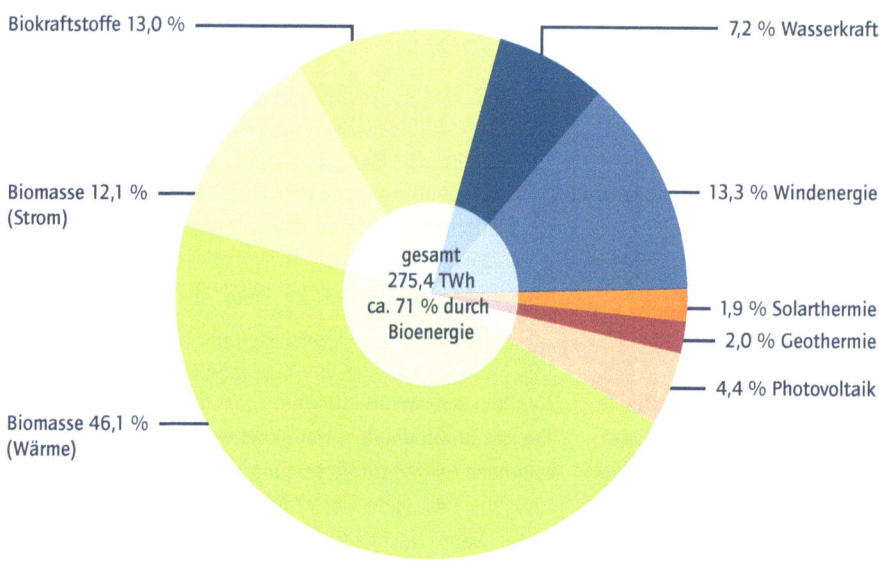

---

[7] BMBF 2010.
[8] Im Sinne der Rohstoffstrategie der Bundesregierung (BMWi 2010) werden auch unverzichtbare Pflanzennährstoffe (insbesondere Phosphor) in Kreisläufen effizient genutzt.
[9] Strom und Wärme aus Biomasse inkl. Klär-, Deponiegas und biogener Anteil des Abfalls.

und Herstellung von Biogas als stofflichem Energieträger in der Verstromung. Im Bereich Wärme spielen biotechnologische Prozesse wesentlich nur im Sinn der Abwärmenutzung eine Rolle.

Am Markt eingeführte biotechnologische Verfahren zur Energieumwandlung beschränken sich derzeit auf die Biogasherstellung und Ethanol als Kraftstoff der 1. Generation (Vergärung von zucker- bzw. stärkereicher Biomasse, die prinzipiell auch für Lebens- bzw. Futtermittel geeignet wären). Verfahren zur Nutzung von Rohstoffen, die nicht mit der Lebensmittelproduktion in Konkurrenz stehen (Biokraftstoffe der 2. Generation), befinden sich in der Pilot- bzw. Demonstrationsphase (vgl. Anhang S. 31).

In Deutschland wurden 2010 43 Prozent des aus Biomasse erzeugten Stroms und 24 Prozent der aus Biomasse erzeugten Kraftstoffe mit biotechnologischen Methoden bereitgestellt (vgl. Abb. 2 B). Der größere Teil der aus Biomasse erzeugten Kraftstoffe basiert jedoch auf Pflanzenölen, insbesondere aus Rapssaat, die mit chemischen Methoden zu Biodiesel weiterverarbeitet werden. Der Energiepflanzenanbau in Deutschland belief sich 2011 auf rund 16 Prozent der Ackerfläche. Biogaskulturen beanspruchten davon 40 Prozent, für die Ethanolerzeugung wurden ca. 13 Prozent der Energiepflanzenfläche genutzt (der überwiegende Anteil entfällt mit 47 Prozent auf Raps). Im europäischen Vergleich ist Deutschland bei der Biogasproduktion führend und produzierte 2009 mit 4,2 Millionen Tonnen Öläquivalent mehr als die Hälfte der gesamteuropäischen Biogasleistung.[10]

Global spielt die biotechnologische Umwandlung für erneuerbare Kraftstoffe eine erheblich größere Rolle: 82 Prozent der erneuerbaren Kraftstoffe wurden weltweit 2008 biotechnologisch erzeugt.[11] Brasilien und die USA sind die Haupterzeugerländer von Ethanol, während die EU führend

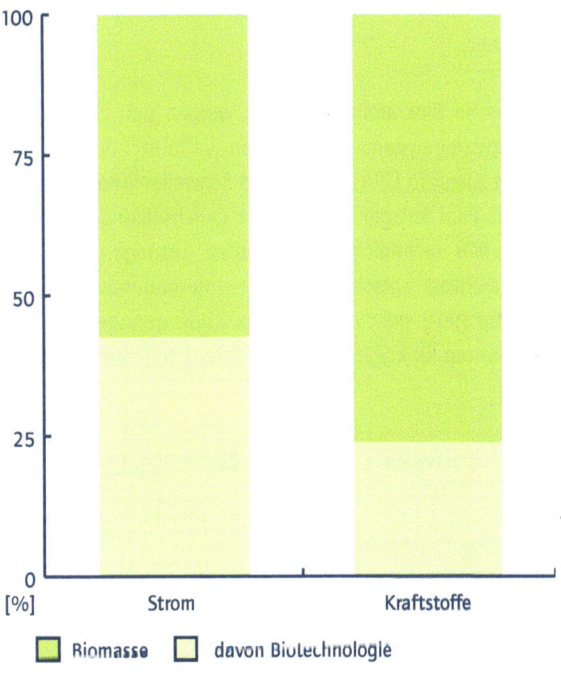

Abbildung 2 B: Anteil der biotechnologischen Energieumwandlung an der Energieerzeugung aus Biomasse in Deutschland 2010 (Daten: FNR 2011)

in der Biodieselproduktion ist (vgl. Abb. 3). In Brasilien waren bereits 2008 21 Prozent des Kraftstoffverbrauchs Biokraftstoffe.[12]

Preislich ist derzeit nur die Ethanolherstellung aus brasilianischem Zuckerrohr mit fossilen Kraftstoffen konkurrenzfähig, auch wenn sich der Preisabstand zwischen europäischem und brasilianischem Ethanol durch die auf dem Weltmarkt seit 2007 gestiegenen Zuckerpreise verringert haben dürfte.

Abb. 4 zeigt, dass vor allem in den USA, Brasilien und in Ländern der EU an diesen Verfahren gearbeitet wird.[13] Wenn auch der weltweite Gesamtmarkt für Ethanol bei

---

[10] AEBIOM 2011.
[11] OECD 2011.
[12] IEA 2011a.
[13] BiofuelsDigest 2011.

über 100 Milliarden Liter liegt (aufsummiert aus Abb. 3), erreichen die erwarteten Kapazitäten für Ethanol der 2. Generation (Lignocellulose-Ethanol) in den nächsten drei Jahren nur wenige Prozent davon. Deutschland ist hier kaum sichtbar.

Klassische Biokraftstoffverfahren werden sich zunehmend in Entwicklungsländern etablieren, Verfahren der 2. Generation zuerst in USA, Europa und Schwellenländern, wo es bereits Pilot-Anlagen gibt. Für die Durchsetzung am Markt ist neben technologisch effizienten Lösungen die Wirtschaftlichkeit entscheidend. Die Internationale Energieagentur (IEA) sieht hier noch bis 2050 geringere Produktionskosten für konventionelles Ethanol gegenüber Ethanol aus lignocellulosischen Rohstoffen (Abb. 5).[14] Nach dieser Prognose wird die Umwandlung von Nicht-Lebensmittelrohstoffen in speicherbare Energieträger erst langfristig (Perspektive 2050) unter Kostengesichtspunkten konkurrenzfähig – unter Einbeziehung von Nachhaltigkeitsaspekten ist das freilich schon früher gegeben. Sicherlich ist das aufwendigere Verfahren derzeit eine hohe Hürde für eine erfolgreiche Etablierung am Markt. Um auch zukünftig erfolgreich im internationalen Vergleich bei der biotechnologischen Energieumwandlung zu bestehen, muss jetzt in die Verfahrensentwicklung investiert werden.

Soll aus gesellschaftspolitischen Gründen (Reduzierung von THG-Emissionen, Vermeidung von Nahrungskonkurrenz

Abbildung 3: Weltweite Biokraftstoffproduktion 2010 (Daten: OECD 2011)

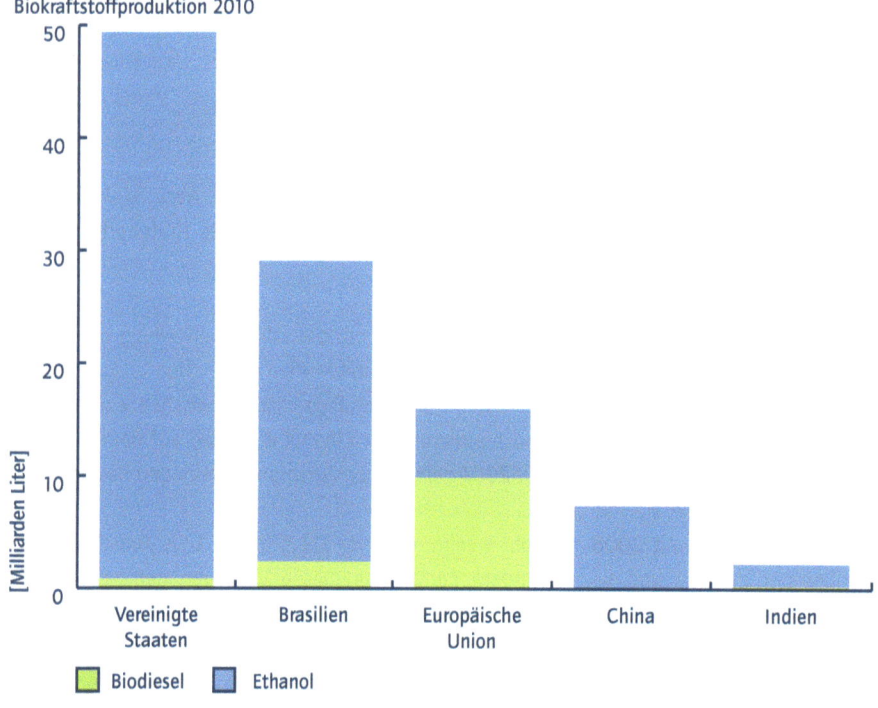

[14] IEA 2011b.

und unerwünschter Landnutzungsänderung) die Nutzung lignocellulosischer Rohstoffe für Kraftstoffe gegenüber Zucker- und Stärke-basierten Verfahren vorangetrieben und zur Marktreife gebracht werden, sind entsprechende flankierende Maßnahmen nötig. Bereits in der Nationalen Forschungsstrategie Bioökonomie 2030[15] wird das Fehlen von ausreichendem Wagniskapital als ein Hindernis für die Durchsetzung neuer Technologien am Markt gesehen. Das EEG gibt langfristig stabile Rahmenbedingungen für regenerativen Strom. **acatech empfiehlt, ähnlich klare und langfristig stabile Rahmenbedingungen auch für Biokraftstoffe der 2. Generation zu schaffen.** Gerade für investitionsintensive Anlagen sind die bestehenden gesetzlichen Fristen zu kurz. Welche biomassebasierten Energieträger sich durchsetzen werden, hängt wesentlich von diesen politischen Weichenstellungen ab.

Die Auswirkungen der politischen Rahmenbedingungen zeigen sich beim Vergleich zwischen amerikanischer und europäischer Förderpolitik. Wesentliches Ziel beim Einsatz von Bioenergie in Europa sind Treibhausgaseinsparungen, während die Förderpolitik in den USA stärker auf Erdölunabhängigkeit zielte. Dementsprechend wurden in den USA kontinuierlich auch aus Klimaschutzsicht weniger geeignete Verfahren (zum Beispiel Ethanol aus Mais) gefördert und ein volumenmäßiger Marktausbau vorangetrieben. Wesentliche

Abbildung 4: Im Jahr 2010 prognostizierter Ausbau der Kapazitäten für die biotechnologische Produktion von Kraftstoffen der 2. Generation. In Deutschland wurden für 2011 nur insgesamt 2 Millionen Liter pro Jahr prognostiziert. (Man beachte die Skalierung der Ordinate in Vergleich zur Abbildung 3.) (Daten: BiofuelsDigest 2011)

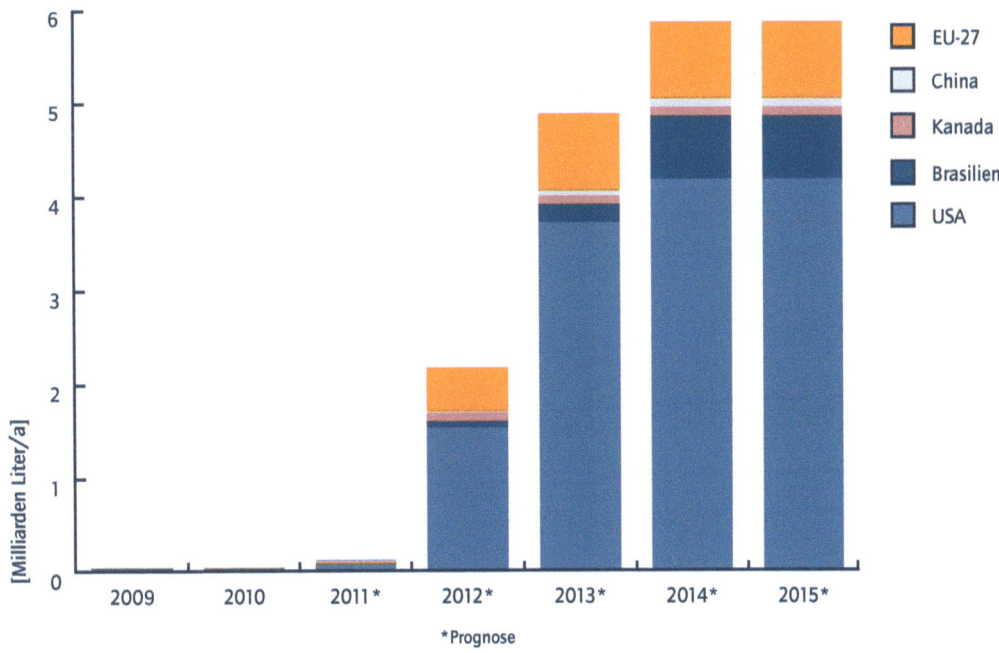

[15] BMBF 2010.

THG-Einsparungen werden erst für Biokraftstoffe der 2. Generation erwartet.[16]

Der US Renewable Fuels Standard (RFS) ist einer der Haupttreiber für die 2. Generation der Biokraftstoffe, da er eine stetige Erhöhung des Lignocellulose-Ethanol-Anteils festschreibt. Der Ausbau erneuerbarer Energien im Strom- und Wärmemarkt genießt dagegen deutlich geringere Aufmerksamkeit. Mit den vorhandenen Kapazitäten bei der Ethanolherstellung sowie der gesetzlichen Grundlage entstand in den USA eine gute Startposition zur Kommerzialisierung lignocellulosischer Verfahren. Es gibt dort mehrere Pilot- und Demonstrationsanlagen; 2011 wurde der Grundstein für eine erste kommerzielle Anlage für Ethanol aus Lignocellulosen gelegt.

Die Bioenergienutzung in Deutschland stand von Beginn an stärker unter Effizienz- und damit THG-Einsparungskriterien. Die Erfahrungen bei Anbau und Nutzung von Biomasse zeigten, dass THG-Einsparungen durch Produktionsmethoden (insbesondere hoher Düngemitteleinsatz, niedrige Umwandlungseffizienzen) und Landnutzungsänderungen (Kohlenstoffsenke des Bodens[17]) durchaus konterkariert werden können. Großvolumige Ausbauziele wurden in der Folge kritischer begleitet.

Abbildung 5: Prognostizierte Entwicklung der Produktionskosten ausgewählter Biokraftstoffe in US-Dollar nach IEA 2011b

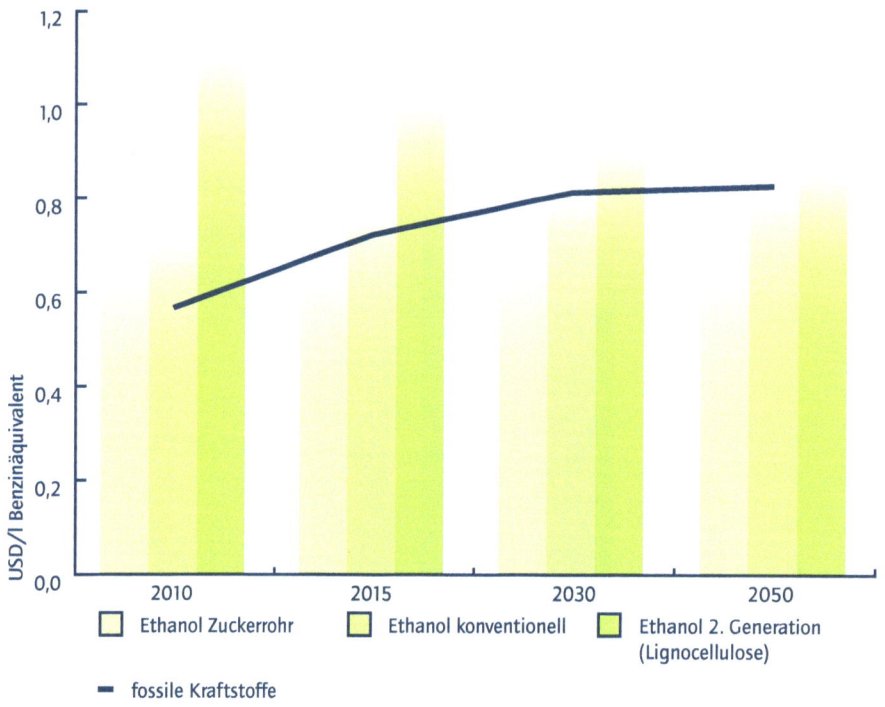

[16] WBGU 2009.
[17] Im Boden liegt Kohlenstoff gebunden im Humus vor. Dieser Kohlenstoffvorrat kann jedoch durch erhöhte mikrobielle Aktivität abgebaut werden. Erhöhte mikrobielle Aktivität wird vor allem durch Umpflügen des Bodens (Sauerstoffeintrag) und Düngung (Nährstoffversorgung) hervorgerufen. Exemplarisch für besonders Kohlenstoff-reiche Böden sind Moore und Regenwald. Hier führt Landnutzungsänderung zu besonders hohen CO_2-Emissionen.

Die THG-Einsparungen verschiedener Verfahren wurden in einer von der IEA 2010 veröffentlichten Studie[18] zusammengefasst. Abb. 6 zeigt die große Bandbreite der Berechnungen zu den Einsparungspotenzialen der biotechnologischen Verfahren. Diese zum Teil um mehr als 100 Prozent differierenden Angaben beruhen zum einen auf unterschiedlichen zugrunde gelegten Annahmen, Verfahrensvarianten und Rohstoffen, zum anderen werden Nebenprodukte unterschiedlich berücksichtigt. Die besonders hohen Spannbreiten für Algen-Biodiesel und Butanol sind zusätzlich auf die Unsicherheiten aufgrund der noch nicht beendeten Verfahrensentwicklung zurückzuführen. Zudem verändern sich die Verfahren und damit verbunden die THG-Einsparungen durch technischen Fortschritt. In die Bewertung fließt auch ein, welcher fossile Energieträger ersetzt wurde. Der Ersatz eines weniger umweltbelastenden fossilen Energieträgers resultiert in einem geringeren Einsparpotenzial. So haben alle Wege, die zum Beispiel Erdgas ersetzen, schon per se ein geringeres Treibhausgasreduktionspotenzial als alle Wege, die Erdöl ersetzen, da die Förderung von Erdöl umweltbelastender ist als die Erdgasförderung. Trotzdem sind Trendaussagen möglich. Kommerzialisierte biotechnologische Verfahren, die das in der EU für 2017 verbindliche 50 Prozent-Einsparungsziel erfüllen können, sind Ethanol aus Zuckerrohr, Biogas (insbesondere mit Gülleverwertung) und Ethanol aus Zuckerrübe, während Ethanol aus Weizen und insbesondere Mais höhere Risiken aufweisen.[19]

Ethanol aus Lignocellulosen als Kraftstoff der 2. Generation zeigt ein besseres Potenzial zur Reduktion der Treibhausgasemissionen, wenn auch hier der Unsicherheitsgrad aufgrund

Abbildung 6: Erzielbare Treibhausgaseinsparungen durch Nutzung biotechnologischer Verfahren im Vergleich mit fossilen Energieträgern. Zusammenfassung aus 60 Ökobilanz-Studien (IEA 2010). Die Werte enthalten keine Beiträge durch indirekte Landnutzungsänderung. Einsparungen von mehr als 100 Prozent sind möglich durch die Anrechnung von Koppelprodukten

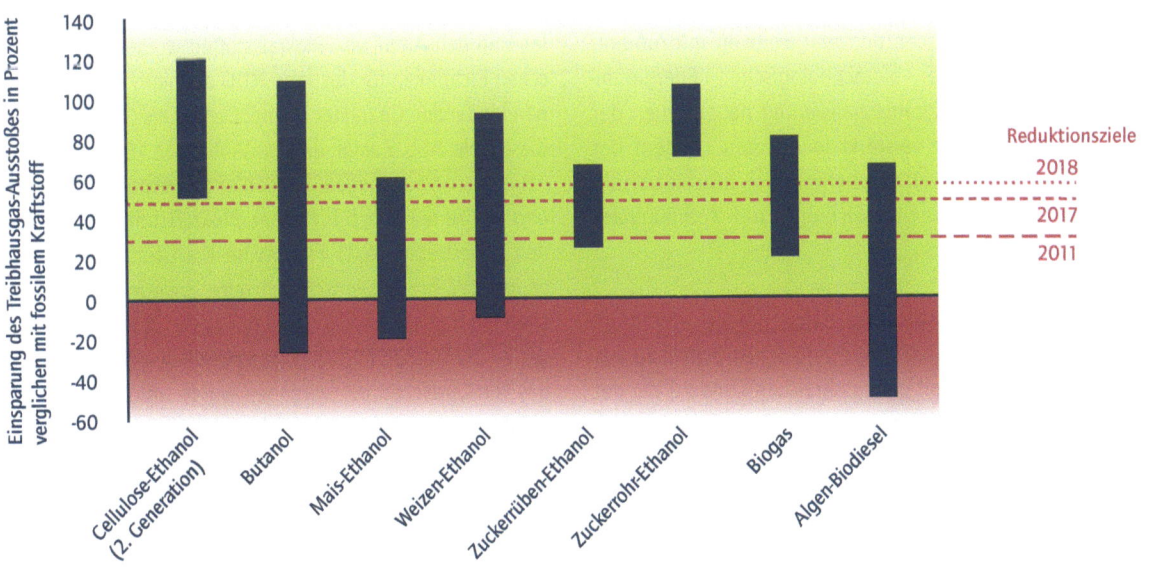

[18] IEA 2011b.
[19] Pflanzenöle und Pflanzenöl-Kraftstoffe sind im Sinne dieser Studie keine biotechnologisch hergestellten Energieträger. Sie sind deshalb nicht berücksichtigt.

der noch nicht beendeten Technologieentwicklung entsprechend hoch ist. Für Butanol ist die große Spanne auch in der Variabilität der Einsatzstoffe begründet. Wie für Ethanol stehen alle Routen über Zucker, Mais, Weizen und – bei erfolgreicher Einführung – über Lignocellulosen zur Verfügung. Die Reduktion von THG-Emissionen um mehr als 100 Prozent ist auf die Anrechnung von Koppelprodukten zurückzuführen. Zum Beispiel sind Reste der Ethanolherstellung aus Weizen als proteinreiches Tierfutter verwertbar und können so Sojaanbau in anderen Teilen der Welt ersetzen.

Aufgrund dieser unterschiedlichen Einflüsse bei der Produktion wurde die Gesetzgebung in Europa weniger eindeutig in Bezug auf konkrete Zielprodukte gefasst, sondern sie orientiert sich an Nachhaltigkeitsaspekten. Die Renewable Energy Directive (RED) setzt keine spezifischen Quoten für Kraftstoffe der 2. Generation, sondern fördert ihre Nutzung indirekt über die einzuhaltenden THG- und Nachhaltigkeitsstandards. Die Auswirkungen dieser Regelungen auf die Entwicklung der Industrie sind allerdings deutlich unsicherer, verglichen mit den US-amerikanischen. Dies führt dazu, dass die deutsche Wissenschaft und deutsche Wissenschaftler zwar weltweit mit führend auf dem Gebiet der biotechnologischen Energieumwandlung sind, die Kommerzialisierung neuer Linien der 2. Generation jedoch verstärkt in anderen Ländern der Erde stattfindet. **acatech empfiehlt daher, internationale Kooperationen bei der Entwicklung und Kommerzialisierung auszubauen.**

Es sind verstärkte Aktivitäten nötig, um bei der großtechnischen Umsetzung der Technologien Anteil zu haben. Kooperationen mit biomassereichen Ländern bei der Verfahrensentwicklung sind essenziell für eine weitere erfolgreiche Behauptung am Markt.

Dies ist vor allem vor dem Hintergrund der Wertschöpfung, die in Deutschland durch Technologieexport generiert wird, wichtig. Regional besteht auch in Deutschland ein nutzbares Potenzial, um Verfahren für die biotechnologische Energieerzeugung zu kommerzialisieren, weltweit sind jedoch bedeutend größere Potenziale vorhanden.

2.2 ENTWICKLUNG DER GESETZLICHEN RAHMENBEDINGUNGEN ZU BIOENERGIE

Mit dem im Jahr 1997 von der Europäischen Kommission veröffentlichten Weißbuch über erneuerbare Energieträger[20] wurden erstmals verbindliche Ziele über den Anteil erneuerbarer Energien am Energiemix in der Europäischen Union festgelegt. Stabile politische und gesetzliche Rahmenbedingungen und der verbesserte Zugang erneuerbarer Energien zum Stromnetz sollten im hoch regulierten und auch subventionierten Energiemarkt die Voraussetzung für den Ausbau der erneuerbaren Energien schaffen.[21]

Ziele für den Anteil von Strom aus erneuerbaren Energiequellen und den Anteil von Biokraftstoffen wurden mit europäischen Richtlinien für das Jahr 2010 definiert, die jedoch keinen bindenden Charakter hatten. Die EU als Ganze verfehlte diese Ziele. Abb. 7 zeigt, dass ein Anteil von 18 Prozent für erneuerbaren Strom gegenüber den angestrebten 22,1 Prozent und ein Anteil von 5,1 Prozent Biokraftstoffen gegenüber den angestrebten 5,75 Prozent im Kraftstoffsektor erreicht wurden. Während Deutschland seine Ziele in beiden Bereichen sogar überschritt, konnten nur sieben bzw. neun weitere der 27 EU-Staaten ihre Ziele (über)erfüllen.[22] Als Gründe für das Nichterreichen der Vorgaben wurde unter anderem angeführt, dass die Vorgaben nicht verbindlich gewesen seien und der bestehende Rechtsrahmen für ein unsicheres Investitionsklima gesorgt habe.[23]

---

[20] Europäische Kommission 1997.
[21] Strategie und Aktionsplan zur Förderung erneuerbarer Energien wurden für alle erneuerbaren Energieträger entwickelt; sie sind nicht spezifisch für die biotechnologische Energieumwandlung.
[22] Europäische Kommission 2011a.
[23] Europäische Kommission 2009.

Mit der Richtlinie des Europäischen Parlaments zur Förderung der Nutzung von Energie aus erneuerbaren Quellen (Renewable Energy Directive: RED)[24] wurden daher gesetzlich bindende Zielvorgaben gemacht. Sie beinhalten einen Anteil von 20 Prozent erneuerbarer Energie am Bruttoendenergieverbrauch und von 10 Prozent im Verkehrssektor (vgl. Abb. 7). Es wurden nationale Aktionspläne mit jeweils unterschiedlichen zu erreichenden Zielen sowie Modalitäten für die Nutzung von Biokraftstoffen festgelegt, um den bereits erreichten Stand der Nutzung erneuerbarer Energien in den Mitgliedsstaaten zu berücksichtigen. Die Bundesregierung beschloss im August 2010 ihren Nationalen Aktionsplan für erneuerbare Energie. Darin legte sie für Deutschland ein Ziel von 18 Prozent erneuerbarer Energie am Brutto-Endenergieverbrauch, im Verkehrssektor von 10 Prozent fest, das im Jahr 2020 erreicht werden soll.

Neben Zielvorgaben legt die RED gleichzeitig verbindliche Nachhaltigkeitskriterien fest. Dadurch wächst der Druck auf eine erfolgreiche Kommerzialisierung solcher Verfahren zur Energiegewinnung. Insbesondere für die Nutzung von Bioenergie gilt die Forderung einer nachhaltigen Erzeugung, der Einhaltung von Mindeststandards für die Treibhausgaseinsparung und die Vermeidung von Schäden durch eine veränderte Flächennutzung sowie einer Diversifizierung der Rohstoffquellen.

Mit der Festlegung der Nachhaltigkeitsstandards wird eine direkte Landnutzungsänderung zum Anbau von Energiepflanzen ausgeschlossen. Festlegungen zur Berücksichtigung bzw. Vermeidung von Verschiebung der Lebensmittelanbauflächen in Gebiete mit wichtigen ökologischen Funktionen durch einen ausgeweiteten Energiepflanzenanbau (indirekte Landnutzungsänderung) sind hingegen noch in der Diskussion. Eine von der EU veröffentlichte Studie weist darauf hin, dass die Auswirkungen indirekter Landnutzungsänderungen nicht unterschätzt werden dürfen.[25] Sie gelten aber für jede Form der Ausweitung agrarischer Produktion, also auch für Rohstoffe der Lebensmittel-, Pharma- und Kosmetikindustrie. Die Vermeidung unerwünschter Landnutzungsänderungen ist möglicherweise effektiver durch bi- oder multilaterale

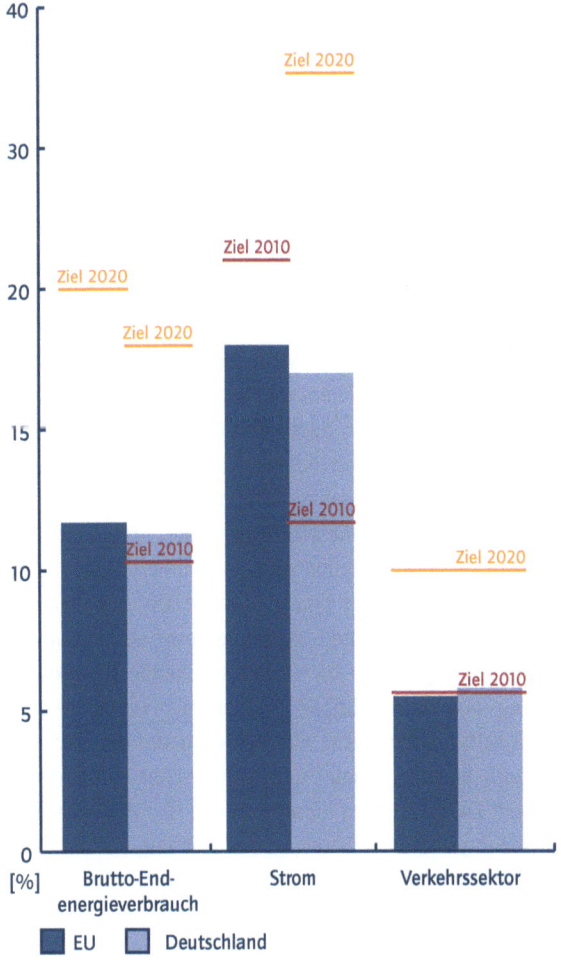

Abbildung 7: Anteil der erneuerbaren Energien am Brutto-Endenergieverbrauch im Jahr 2010. Zielvorgaben gemäß EU-Richtlinien 2001 und 2003 sowie Novellierung des deutschen EEG Gesetzes 2012 (Daten: Europäische Komision 2011a)

---

[24] RED 2009.
[25] IFPRI 2011.

Abkommen mit den Erzeugungsländern zu erreichen und sollte nicht nur die Produktion von Rohstoffen für Bioenergie betreffen.

Das Nachhaltigkeitskonzept ist nicht nur auf flüssige Energieträger/Kraftstoffe anzuwenden. Es muss auch für die Nutzung fester und gasförmiger Energieträger aus Biomasse bei Stromerzeugung, Heizung und Kühlung gelten. Die von der Europäischen Kommission für 2013 vorgeschlagene CO_2-Besteuerung[26] könnte die Konkurrenzfähigkeit von regenerativen Energieträgern gegenüber fossilen weiter stärken. Diese Besteuerung kann als flankierende Maßnahme auch die Markteinführung neuer, nachhaltiger Bioenergie-Technologien begleiten. Ein erfolgreicher Strukturwandel bedarf weiterer politischer Steuerungsmaßnahmen.

In der Entwicklung der gesetzlichen Vorgaben zur Bioenergie spiegelt sich die Lernkurve wider, die seit Beginn der intensivierten Nutzung regenerativer Energien durchlaufen wurde. Während im Kyoto-Protokoll von 1997 Bioenergie noch als CO_2-neutral angesehen wurde, rückte durch wissenschaftliche Studien und Untersuchungen zunehmend ins Bewusstsein, dass intensive Landwirtschaft vor allem durch direkte und indirekte Landnutzungsänderung auch zu deutlich negativen Effekten hinsichtlich Treibhausgasemissionen führen kann: Die Zerstörung der Kohlenstoffsenkenfunktion von naturnahen Böden und erhebliche Emissionen durch intensive Düngung haben daran den größten Anteil. Konsequenterweise folgten verbindliche Regelungen für eine ausreichende Berücksichtigung der Nachhaltigkeit. Mittlerweile werden Nachhaltigkeitskriterien nicht nur in Bezug auf Emissionen, sondern auch in sozialer und ökologischer Hinsicht gefordert. Die Beachtung dieser Kriterien ist für die weitere Forschung und Entwicklung in der Bioenergie und deren erfolgreichen Ausbau essenziell.

Die mit der Förderung von erneuerbaren Energien verbundenen Ziele der Bekämpfung des Klimawandels und Verbesserung der Versorgungssicherheit werden flankiert von Bestimmungen zur Energieeffizienz.[27] Die Mitgliedsstaaten haben sich verpflichtet, ihren Primärenergieverbrauch bis 2020 um 20 Prozent zu verringern („20-20-20-Ziel"). Energieeffizienz soll in die allgemeine Energiepolitik und das Maßnahmenpaket für Energie und Klima integriert werden; nur so sind die ambitionierten Ausbauziele nachhaltig erreichbar.

Die Vorgaben der RED wurden unter anderem mit der Biokraftstoff-Nachhaltigkeitsverordnung, der Biomassestrom-Nachhaltigkeitsverordnung und Änderungen zum Erneuerbare-Energien-Gesetz (EEG) in deutsches Recht überführt. Dabei müssen flüssige Bioenergieträger Mindestanforderungen zur Einsparung von Treibhausgasen gegenüber dem jeweiligen konventionellen Energieträger erfüllen (Minderung von 35 Prozent ab 2011, 50 Prozent ab 2017 und 60 Prozent ab 2018). Die im deutschen EEG-Gesetz getroffenen Festlegungen zu Einspeisevorrang und Einspeisevergütung haben den stabilen Netzzugang für erneuerbare Energien ermöglicht. Die für 2012 vorgesehene Novellierung[28] hält an diesen bewährten Grundprinzipien fest und richtet die Förderung nun stärker auf die notwendige Steigerung der Kosteneffizienz und die verbesserte Markt-, Netz- und Systemintegration aus. Für Planungssicherheit sorgt eine langfristige Perspektive: Der Anteil der erneuerbaren Energien am Stromverbrauch soll 2020 mindestens 35 Prozent betragen. 2030 sollen es 50 Prozent, 2040 65 Prozent und 2050 80 Prozent sein.

Diese Ziele unterstreichen den politischen Willen, den aufgrund des 2011 beschlossenen Ausstiegs aus der Atomkraft notwendigen Umbau der Strombereitstellung zum verstärkten Ausbau der erneuerbaren Energien zu nutzen.

---

[26] Europäische Kommission 2011b.
[27] Europäische Kommission 2008.
[28] EEG 2012.

Für die Stromerzeugung stehen mit Wind- und Solartechnik effektive Alternativen zu fossilen Energieträgern / Atomkraft zur Verfügung, die einen höheren Flächennutzungsgrad[29] als Bioenergie aufweisen. Biomasse ist zudem nur begrenzt verfügbar. Die Verwendung von Biomasse sollte mit stabilen Rahmenbedingungen langfristig in Richtung stofflicher Energieträger als Ersatz für fossile Kraftstoffe gelenkt werden. Biotechnologische Verfahren zur Herstellung von speicherbaren Energieträgern und von Kraftstoffen erfüllen daher eine strategisch wichtige Aufgabe gegenüber der Verbrennung zur Strom- und Wärmegewinnung.

Zwar würden prinzipiell durch die Verbrennung von Biomasse mehr fossile Energieträger für Kraftstoffe zur Verfügung stehen. Sollen aber auch im Bereich Kraftstoffe wesentliche Anteile regenerativ erzeugt werden – wie es in den EU-Richtlinien festgehalten ist –, kann auf Biomasse nicht verzichtet werden. Hier sind vor allem Verfahren der „2. Generation" hervorzuheben, die nicht in Konkurrenz zur Lebensmittelproduktion stehen

2.3 GESELLSCHAFTLICHE RAHMENBEDINGUNGEN

In der Politik und in der Bevölkerung besteht allgemein ein breiter Konsens zum Ausbau erneuerbarer Energien.[30] Die mit der Nutzung gewünschten Ziele sind jedoch nicht immer kohärent: Erneuerbare Energien unterliegen verschiedenen Beurteilungskriterien. Aus wirtschaftspolitischer Sicht soll mit regenerativer Energie die Abhängigkeit von Rohstoffimporten verringert werden. Zusätzlich ist Klimaschutz ein wichtiges gesellschaftspolitisches Ziel und ein wesentlicher Treiber für den verstärkten Umbau der Energieerzeugung. Mit regenerativer Energie sollen die erhöhte CO_2-Produktion durch die Verbrennung fossiler Energieträger und der damit verknüpfte Klimawandel verringert werden.

Der Nationale Biomasseaktionsplan der Bundesregierung[31] setzt die Schwerpunkte der Bioenergienutzung daher

— auf einen optimalen Beitrag zum Klimaschutz,
— auf Versorgungssicherheit und
— auf wirtschaftliche Entwicklung und inländische Wertschöpfung, insbesondere im ländlichen Raum.

Die Verschränkung von Klimaschutzzielen und wirtschaftspolitischen Zielen wie die Versorgungssicherheit und Unabhängigkeit von Rohstoffimporten ist dabei höchst anspruchsvoll. Der Wissenschaftliche Beirat der Bundesregierung Globale Umweltfragen (WBGU) weist in seinem Hauptgutachten „Gesellschaftsvertrag für eine Große Transformation"[32] darauf hin, dass trotz der programmatischen Ebenbürtigkeit die Erfüllung beider Ziele in der Praxis nicht immer zeitgleich stattfinden kann. Die Transformation des Energiesystems erfolge nicht primär aus Mangel an fossilen Ressourcen, sondern zur Vermeidung gefährlicher Klimaveränderungen. Bereits im Hauptgutachten Bioenergie[33] wird darauf hingewiesen, dass „Bioenergie nicht als bloßer quantitativer Beitrag zur Energiemenge zu sehen [ist], sondern allgemein die qualitativen Eigenschaften von Biomasse daraufhin zu überprüfen [sind], wie sie zu den Zielen eines nachhaltigen Energiesystems beitragen können."

Auch das Umweltbundesamt[34] weist darauf hin, dass bei den derzeitigen Ausbauzielen für Bioenergie die global pro Kopf zur Verfügung stehende Landwirtschaftsfläche leicht überschritten werden kann und eine Bioenergieerzeugung nicht nur auf landwirtschaftlich angebauten

---

[29] Der Flächennutzungsgrad beschreibt, wie viel Energie in einem Jahr pro Flächeneinheit gewonnen werden kann.
[30] Europäische Kommission 2010.
[31] BMU und BMELV 2009.
[32] WBGU 2011.
[33] WBGU 2009.
[34] Bringezu et al. 2009.

Energiepflanzen beruhen kann. An der Entwicklung der rechtlichen Regelungen zur energetischen Biomassenutzung ist abzulesen, wie den sich abzeichnenden unerwünschten Folgen einer Übernutzung – im Sinne von Produktion auf Kosten der Lebensmittelversorgung und unerwünschte Landnutzungsänderungen – entgegengesteuert wird. Aufgrund der möglichen negativen Effekte der Nutzung von Biomasse für die Energiebereitstellung sollte der Einsatz auf die strategischen Ziele innerhalb eines regenerativen Energie-Mixes fokussiert werden. Biomasse kann in speicherfähige Energie und Kraftstoffe umgewandelt werden und erfüllt damit Funktionen, die andere regenerative Energien weniger gut abdecken können.

Der Sachverständigenrat für Umweltfragen (SRU) geht in seinem Gutachten[35] davon aus, dass maximal 5 Prozent des deutschen Primärenergiebedarfs (PEV) von 2007 durch Biomasse gedeckt werden können, wenn der Versorgung mit Nahrungsmitteln oberste Priorität eingeräumt wird. Andere Schätzungen reichen bis 17 Prozent des PEV.[36] Die Bundesregierung avisiert für 2050 einen Anteil von 23 Prozent am Gesamtenergieverbrauch. Die Unterschiedlichkeit der Angaben macht deutlich, wie schwierig eine Abschätzung des durch Bioenergie zu deckenden Anteils am Gesamtenergieverbrauch ist. Hinzu kommt, dass die Prozentangaben nicht nur auf verschiedenen Annahmen zur Verfügbarkeit von Biomasse beruhen, sondern auch auf der zugrunde gelegten Gesamtenergiemenge. Das 23 Prozent-Ziel der Bundesregierung ist zum Beispiel nur durch eine Halbierung des deutschen Gesamtenergieverbrauchs gegenüber 2010 zu erreichen. Gegenüber den vom SRU angenommenen 5 Prozent auf Basis des derzeitigen Energieverbrauchs illustriert dieses Beispiel sehr gut, wie groß die Potenziale zur Treibhausgaseinsparung durch den Nicht-Verbrauch von Energie sind. Dazu tragen alle Maßnahmen für eine effiziente Nutzung von Energie in allen Bereichen – Industrie, Haushalt und Verkehr – bei. Zusätzlich muss bei der Bewertung des Beitrags durch Bioenergie berücksichtigt werden, in welche Energieform Biomasse hauptsächlich überführt werden soll: in speicherfähige stoffliche Energieträger oder in kaum speicherbare Wärme durch Verbrennen.

Die Forderung nach gleichzeitig hoher Energie-Speicherdichte und energetischer Effizienz der Umwandlung lässt sich jedoch nicht in einer einzigen Bioenergielinie verwirklichen. Bei jeder Behandlung oder Umwandlung von Biomasse in einen gut speicherbaren Energieträger geht ein Teil der ursprünglich enthaltenen Exergie[37] verloren. Technologien, die effizient speicherfähige Energie produzieren, können also nicht sinnvoll bewertet werden, wenn alleiniges Kriterium die energetische Effizienz der Umwandlung ist.

Biomasse sollte dort eingesetzt werden, wo es keine bzw. wenige Alternativen zu den fossilen Energieträgern gibt, wie im Bereich der Mobilität. Biokraftstoffe sind unabdingbar, um die Bioenergie-Ausbauziele der EU im Mobilitätssektor zu erreichen, da flüssige Kraftstoffe für Langstreckenmobilität und Flugbenzin – ob biotechnologisch oder fossil hergestellt – trotz fortschreitender Entwicklung der Elektromobilität kurz- bis mittelfristig nicht ersetzbar sind.

acatech hält vor allem die biotechnologische Energieumwandlung der 2. Generation – das heißt auf Grundlage von Rest- und Abfallstoffen sowie nicht für Lebensmittel geeigneter Biomasse – für besonders chancenreich. Hier stehen die größten Potenziale an Biomasse zur Verfügung, die zudem nicht in Konkurrenz zu Lebensmitteln stehen und so auch soziale Nachhaltigkeit ermöglichen können.

Allerdings ist bereits jetzt abzusehen, dass nicht genügend Biomasse für flüssige Energieträger zur Verfügung stehen wird, um die Bioenergieziele der EU im Kraftstoffsektor zu

---

[35] SRU 2007.
[36] Bauer et al. 2010.
[37] „Gewünschte Nutzenergie". Da im thermodynamischen Sinn Energie nicht vernichtet werden kann, wird in der Literatur zur besseren Unterscheidung auch der Terminus „Exergie" für die gewünschte Nutzenergie verwendet.

erreichen, wenn sich Biomasseverbrennung im gleichen Maße wie bisher steigert. Der über Biomasse erschließbare Kohlenstoff reicht nur für begrenzte Anteile unseres Energieverbrauchs. Aufgrund der begrenzten Ressourcen kann also die Regelung der Verteilung der Biomassepotenziale nicht allein dem Markt überlassen werden, zumal staatliche Förderungen hier bereits entscheidend lenkend eingreifen. Grundlage der politischen Steuerung muss vielmehr der Bedarf an geeigneten Energieträgern für die Verwendungszwecke im Markt sein.

2.4 GESELLSCHAFTLICHE AKZEPTANZ

Zielkonflikte müssen jedoch nicht nur zwischen Versorgungssicherheit und Klimaschutz behoben werden. Trotz der in der Bevölkerung breiten Zustimmung zu erneuerbaren Energien sind konkrete Maßnahmen mitunter wenig akzeptiert, entsprechend dem Muster "not in my backyard". Beispiele gibt es in allen Bereichen der Energieversorgung: Hochspannungsleitungen, große Biogasanlagen, Energiepflanzenanbau. Die Problematik stellt sich nicht nur für die biotechnologische Energieumwandlung, muss hier aber genauso berücksichtigt werden.

Die Bedenken hinsichtlich der sozialen und ökologischen Nachhaltigkeit der Bioenergieerzeugung und der technischen Anwendungssicherheit haben zudem zu einer zunehmend kritischen Haltung geführt. Ängste vor der Verdrängung des Vertrauten und Misstrauen gegenüber Produzenten und Entscheidungsträgern bzw. Unzufriedenheit mit Verfahrensfragen wirken darauf verstärkend ein.[38]

Für die Nachhaltigkeit von Technologien müssen sowohl ökologische, soziale als auch ökonomische Aspekte berücksichtigt werden. Hierzu gehören neben den THG-Bilanzen unter anderem die Vermeidung von indirekter Landnutzungsänderung, Schäden am Grundwasserhaushalt und Bodenqualität, Erhalt der Biodiversität sowie sozioökonomische Auswirkungen in der jeweiligen Region.[39] Obgleich diese Nachhaltigkeitsfelder allgemein akzeptiert sind, existieren derzeit auch im wissenschaftlichen Diskurs noch keine anerkannten Methoden zu ihrer Einbeziehung in Gesamtbilanzen. Das Beispiel der indirekten Landnutzungsänderung zeigt, dass dieser Prozess Gestaltungszeit braucht, um entwickelt und umgesetzt zu werden.

Die Mehrzahl der derzeit diskutierten Nachhaltigkeitsforderungen bezieht sich primär auf die Auswirkungen der landwirtschaftlichen Produktion der Rohstoffe. Im Rahmen der in dieser Studie betrachteten Technologieentwicklung sind wichtige Kriterien für die Nachhaltigkeit:

— ökologische Nachhaltigkeit (die Effizienz der Umsetzung, die Auswirkung auf die THG-Bilanz der gesamten Verfahrenskette hat),
— soziale Nachhaltigkeit (sozioökonomische Aspekte der Wertschöpfung in den Produktionsländern, wie etwa die Herstellung von Zwischenprodukten mit einfachen, robusten Verfahren) und
— ökonomische Nachhaltigkeit (wirtschaftliche Tragfähigkeit auch im globalen Vergleich).

Für einen gelingenden Strukturwandel hin zu einem System der erneuerbaren Energien muss die Zivilgesellschaft verstärkt in Entscheidungsprozesse einbezogen werden. **acatech geht nicht davon aus, dass die von Experten empfohlenen Wege automatisch die Akzeptabilität erhöhen bzw. zu Akzeptanz führen. Vielmehr werden hier Angebote der Information und Kommunikation wichtig sein. Dialog und Beteiligung der Bürger über den gesamten Prozess sowie eine breite gesellschaftliche Beteiligung an der Entscheidungsfindung sind auch bei der biotechnologischen Energieerzeugung notwendig.**

---

[38] acatech 2011.
[39] IEA 2010.

3 KURZCHARAKTERISTIK DER BIOTECHNOLOGISCHEN VERFAHREN UND WERKZEUGE

Abb. 8 zeigt eine Übersicht über die Verfahrenswege der biotechnologischen Energieumwandlung (farbige Felder). Diese werden im Folgenden kurz beschrieben. Ausführlichere Erläuterungen befinden sich im Anhang. Biotechnologische Verfahren können ein großes Spektrum an Einsatzstoffen nutzen (Abb. 8, links). Viele der innovativen Verfahren, die aufgrund der Ausgangsstoffe nicht in Konkurrenz zur Lebensmittelproduktion stehen, befinden sich noch im Pilot-/Demonstrationsstadium oder erst in Forschung und Entwicklung.

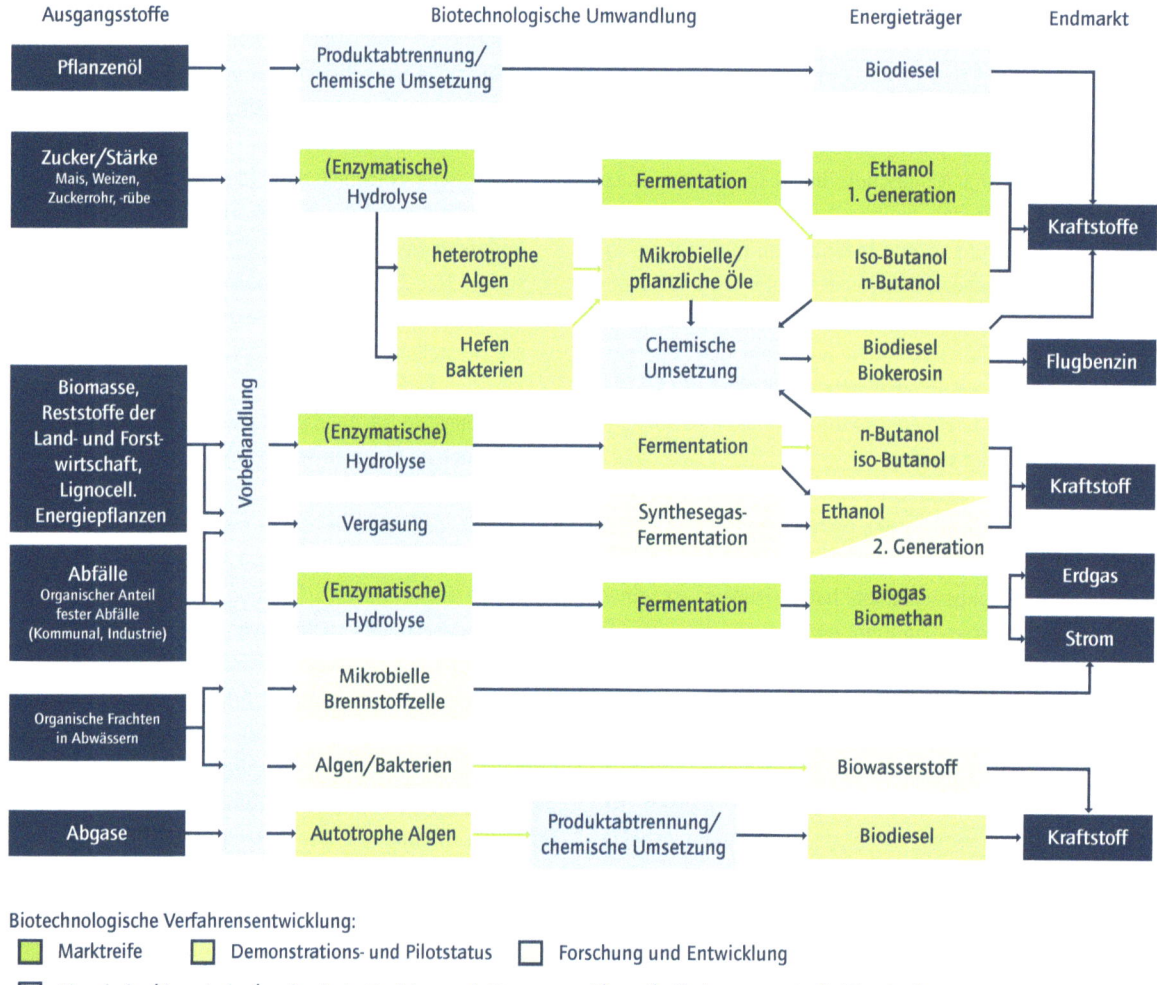

Abbildung 8: Produkte und Methoden biotechnologischer Energieumwandlung. Biotechnologische Verfahren sind in ihrer unterschiedlichen Anwendungsreife in Grüntönen markiert, hellblaue Felder stehen für chemische, mechanische oder thermische Prozessstufen (Quelle: Eigene Darstellung)

3.1 KOMMERZIELLE VERFAHREN

Kommerziell verfügbar und großtechnisch eingesetzt werden bislang die Biogasproduktion sowie die Herstellung von Ethanol der ersten Generation.

Biogas entsteht durch die Vergärung von organischen Roh- und Reststoffen aus Industrie und Landwirtschaft. Es besteht zu 50 bis 70 Prozent aus dem Energieträger Methan (CH_4).

Die Biogastechnologie besitzt durch die Verwertung insbesondere von Gülle und anderen Abfallstoffen ein hohes Potenzial zur Reduktion von Treibhausgasen. Deutschland ist Technologieführer bei der Biogaserzeugung. Wichtig für eine langfristige Konkurrenzfähigkeit der Technologie ist neben der Technik zur Reinigung und Aufbereitung des Biogases eine Effizienzsteigerung des Gärprozesses.[40]

Ethanol, der 1. Generation wird aus stark zucker- und stärkehaltigen Pflanzen durch Gärung gewonnen. In Deutschland werden zur Bioethanolproduktion vorwiegend Zuckerrüben und Getreide eingesetzt, im Weltmaßstab spielen vor allem Zuckerrohr (Brasilien) und Mais (USA) eine Rolle. Preislich können Ethanol aus Weizen und Zuckerrüben nicht mit auf Basis von Zuckerrohr hergestelltem Ethanol konkurrieren. Die Rückstände können zur Tierernährung eingesetzt werden. Dies trägt zu einer Verbesserung der Ökobilanz des Prozesses bei.

3.2 PILOT- UND DEMONSTRATIONSSTUFE

In der Pilot- und Demonstrationsstufe befinden sich die Herstellung von Ethanol der 2. Generation sowie die insbesondere für Kraftstoffe geeigneten Verfahren zur Herstellung von Butanol und zur mikrobiellen Ölproduktion.

Als Ethanol der 2. Generation wird die Ethanolherstellung aus nicht für die Lebensmittelherstellung geeigneten lignocellulosischen Rohstoffen bezeichnet.[41] Lignocellulosen sind ein Stoffgemisch, das sehr viel schwieriger in biotechnologischen Verfahren umgesetzt werden kann als Stärke oder Zucker. Es ist ein aufwendiger Aufschlussprozess (Hydrolyse) notwendig. Daran schließt sich die Vergärung an. Die Konkurrenzfähigkeit der verschiedenen Verfahrensführungen untereinander und gegenüber chemischen Methoden muss sich noch erweisen. Mittel- bis langfristig wird eine preisliche Konkurrenzfähigkeit zu fossilen Kraftstoffen erwartet. Entscheidender Vorteil der Nutzung von lignocellulosischen Rohstoffen (insbesondere Neben- oder Restprodukte der Landwirtschaft) ist die Vermeidung der Konkurrenz zur Nahrungsmittelproduktion.

Für die Herstellung von **Butanol** sind prinzipiell alle Ausgangssubstrate einsetzbar, die auch für die Ethanolherstellung genutzt werden. Vorteile von Butanol gegenüber Ethanol als Treibstoff sind die geringe Mischbarkeit mit Wasser und eine höhere Energiedichte (vergleichbar der von Benzin). Bislang werden geringere Ausbeuten als bei Ethanol erreicht; die Ausbeutesteigerung ist Gegenstand intensiver Forschung. Demonstrationsanlagen für Butanol werden in Europa und USA geplant.

Kraftstoffe, die Flugbenzin direkt ersetzen können („drop in fuels"), stellt die **mikrobielle Ölproduktion** bereit. Diese basiert auf optimierten Stoffwechselwegen oder auch synthetisch hergestellten Biosynthesemodulen, die in Bakterien und Hefen eingeführt wurden. Die Produktionsorganismen benötigen Zucker als Kohlenstoff- und Energiequelle.

3.3 FORSCHUNG UND ENTWICKLUNG

Das sogenannte „Ethanol 3. Generation" entsteht auf Basis von CO/CO_2 aus Rauchgasen industrieller Anlagen (Kraft- und Stahlwerke). Es ist daher klimabilanziell besonders interessant. Bakterien wie Clostridien können anaerob den Kohlenstoff aus CO/CO_2 oder Synthesegas natürlicherweise verwerten und C_2-Verbindungen wie Essigsäure oder Ethanol

---

[40] Weiland 2009; Gübitz et al. 2010.
[41] Lignocellulosen sind die Gerüstsubstanzen der Pflanzen, die Halmen, Stängeln oder Holz mechanische Stabilität verleihen.

produzieren. Eine Pilotanlage zu Ethanol wird aktuell in China in einem Stahlwerk in Betrieb vorbereitet (vgl. Anhang S. 32). Sollte sich das Verfahren bewähren, ist mittels genetischer Optimierung und Synthetischer Biotechnologie der wirtschaftliche Zugang zu weiteren Energieträgern und Chemievorstufen für die stoffliche Umsetzung auf Basis der Kaskadennutzung fossilen Kohlenstoffs möglich.

Wasserstoff als Energieträger hat in der öffentlichen Wahrnehmung eine große Bedeutung als „sauberer" Brennstoff der Zukunft. Derzeit werden jedoch über 90 Prozent des industriell genutzten Wasserstoffs auf Basis fossiler Quellen hergestellt. Auch langfristig wird der größte Teil regenerativ erzeugten Wasserstoffs nicht aus biotechnologischen Verfahren zur Verfügung gestellt werden.

Die Möglichkeit, Wasserstoff regenerativ mithilfe von Wasserstoff produzierenden Algen und Bakterien zu erzeugen, befindet sich noch im Stadium der Grundlagenforschung.[42] Die erzeugbare Konzentration des elementaren Wasserstoffs ist bislang äußerst gering und unter heutigen Gesichtspunkten nur durch molekularbiologische Veränderungen zu steigern.

3.4 PRODUKTIONSSYSTEME UND BIOTECHNOLOGISCHE WERKZEUGE

Die Kultivierung von Algen ist aufgrund der hohen Hektarerträge an Biomasse und der geringen Flächenkonkurrenzen zur agrarischen (Lebensmittel-) Produktion für die Nutzung zur biotechnologischen Energiegewinnung interessant. In unterschiedlichen Algenkultivierungssystemen werden Mikroalgen eingesetzt, die sich durch ein breites Spektrum hochwertiger Inhaltsstoffe auszeichnen.[43] Geschlossene Photobioreaktoren ermöglichen neben reproduzier- und steuerbaren Kultivierungsbedingungen auch weitgehend die Verhinderung von Wasserverlusten. Offene Kultivierungssysteme sind unter mitteleuropäischen Bedingungen aufgrund der zu geringen Sonneneinstrahlung nicht produktiv genug.

Der Markt für Mikroalgen wird jedoch durch Nahrungsergänzungsmittel, Futterzusätze sowie kosmetische und pharmazeutische Produkte bestimmt. Der vorwiegend energetischen Nutzung stehen die hohen Produktions- und Aufarbeitungskosten entgegen.
Deutschland ist Technologieführer für geschlossene Photobioreaktoren; hier besteht ein Wertschöpfungspotenzial durch den Export der Technologie in Länder, in denen die höhere Sonneneinstrahlung das Verfahren insgesamt wirtschaftlicher macht.

Mikrobielle Brennstoffzellen (Microbial Fuel Cells, MFC) produzieren mithilfe von lebenden Mikroorganismen elektrischen Strom. Die Aktivitäten auf dem Gebiet der MFC sind noch weitgehend der Forschung zuzuordnen.[44] Eine mittel- bis langfristige Umsetzung der Technologie wird vor allem durch das nicht unerhebliche Energieeinsparungspotenzial bei der Abwasserbehandlung möglich sein.

In der Synthetischen Biologie werden biologische Systeme verändert und gegebenenfalls mit chemisch synthetisierten Komponenten zu neuen Einheiten kombiniert. Dabei können neue Stoffwechselwege entstehen, wie sie in natürlich vorkommenden Organismen bisher nicht bekannt sind. Gegenwärtig befinden sich die Arbeiten noch auf der Ebene der Grundlagenforschung. Die Synthetische Biologie gilt als relevant für alle Felder der Biotechnologie. Als eine denkbare Anwendung werden verbesserte Verfahren zur Gewinnung von Biokraftstoffen genannt. Die Etablierung neuer Stoffwechselwege in Algen und Bakterien zur Nutzung von zum Beispiel Hemicellulosen oder zur Produktion längerkettiger Alkohole (zum Beispiel Butanol) wird derzeit erforscht.[45]

---

[42] Bley et al. 2009.
[43] Pulz 2009.
[44] Sievers et al. 2010.
[45] Wendisch 2011.

4 EMPFEHLUNGEN

1. FÖRDERUNG VON FORSCHUNG UND ENTWICKLUNG

acatech sieht Vorteile der biotechnologischen Energieumwandlung vor allem bei der Bereitstellung stofflicher Energieträger und empfiehlt, die biotechnologische Energieumwandlung der 2. Generation – das heißt auf Grundlage von Rest- und Abfallstoffen sowie nicht für Lebensmittel geeigneter Biomasse – bis zur Marktreife weiter zu entwickeln.

Hier stehen die größten Potenziale an Biomasse zur Verfügung, die zudem nicht in Konkurrenz zu Lebensmitteln stehen.

Die Entwicklung von Verfahren zur Nutzung von Rest- und Abfallstoffen sollte weiterhin in der Forschungsförderung unterstützt werden. Es ist keine Selbstverständlichkeit, dass Mischbiomassen problemlos verarbeitet werden können. Anforderungen an die Zusammensetzung senken aber das nutzbare Potenzial der Reststoffe. Nötig ist die Entwicklung der Verfahren bis zur technischen Reife, um möglichst das gesamte Potenzial an Reststoffen nutzen zu können.

Die Nutzung von Rest- und Abfallstoffen ist mit einem höheren technologischen Aufwand verbunden als die konventionelle Nutzung von Stärke, Zucker und Ölen. Kurz- bis mittelfristig wird dieser Aufwand nicht durch die geringeren Kosten des Rohstoffs ausgeglichen. Die im 6. Energieforschungsprogramm der Bundesregierung[46] genannte Unterstützung bis zur Demonstration der großmaßstäblichen Eignung ist wesentlich für eine erfolgreiche Etablierung. Technologien zur effizienten Nutzung von Rest- und Abfallstoffen ermöglichen eine stärkere Entkopplung der energetischen Nutzung von der Rohstoffbasis für Lebens- und Futtermittel und sind deshalb besonders unterstützungswürdig.

2. NUTZUNGSSTRATEGIE

Biobasierte Rohstoffe sollen zur Versorgungssicherheit und Reduzierung der Abhängigkeit von fossilen Energieträgern beitragen. Sie erfüllen durch ihre Speicherbarkeit eine wichtige strategische Aufgabe innerhalb der regenerativen Energien. Die Verteilung der Rohstoffe in die verschiedenen Segmente muss politisch gesteuert werden. acatech empfiehlt, klare und langfristig stabile Rahmenbedingungen für die Verwendung der Rohstoffe zu schaffen. Biomasse darf nicht nur verbrannt werden.

Im Bereich Kraftstoff/speicherfähige Energieträger ist Biomasse zur Erreichung der EU-Bioenergieziele nicht ersetzbar. Trotz der zunehmenden E-Mobilität werden flüssige Kraftstoffe auch weiterhin gebraucht. Mit der gezielten Förderung von Technologien für Kraftstoffe/speicherfähige Energieträger, die nicht in der Konkurrenz zu Lebensmitteln stehen, sollte daher deren Kommerzialisierung erleichtert und unterstützt werden. Das in der RED festgelegte Ziel für den Anteil an Biokraftstoffen ist nur zu erreichen, wenn die verfügbare Biomasse nicht vorrangig für Strom und Wärme eingesetzt wird. Einer zunehmenden Verbrennung von Biomasse sollte entgegengewirkt werden, um die verfügbare Biomasse für Kraftstoffe und speicherbare Energieträger nutzen zu können. Diese sind nicht anders herstellbar als mit Biomasse. Der Ausbau der thermischen Verwertung darf nicht im gleichen Maße wie bisher ansteigen; andernfalls fehlt die Biomasse für Biokraftstoffe der 2. Generation.

Das EEG gibt langfristig stabile Rahmenbedingungen für regenerativen Strom. Ähnlich sichere und langfristig stabile gesetzliche Rahmenbedingungen werden auch für Biokraftstoffe gebraucht. Anreize für eine verstärkte Verbrennung sollten abgebaut werden. Welche biomassebasierten Energieträger sich durchsetzen werden, hängt wesentlich von diesen politischen Weichenstellungen ab.

---

[46] BMWi 2011.

3. INTERNATIONALE KOOPERATIONEN

acatech empfiehlt, internationale Kooperationen bei der Verfahrensentwicklung auszubauen. Kooperationen mit biomassereichen Ländern bei der Verfahrensentwicklung sind essenziell für eine weitere erfolgreiche Behauptung am Markt.

Regional besteht auch in Deutschland ein nutzbares Potenzial, um Verfahren für die biotechnologische Energieerzeugung zu kommerzialisieren, weltweit sind jedoch bedeutend größere Potenziale vorhanden. Wesentlich zur Wertschöpfung und zur Stärkung Deutschlands als Industrienation trägt auch der Export der Technologien bei. Dabei sind auch Kooperationen mit bereits bestehenden Bioenergie-Standorten wegweisend. Die Stärke der deutschen Verfahrenstechnik kann hier in der Prozessoptimierung zu beiderseitigem Vorteil eingesetzt werden. Für die Nutzung der eigenen Biomasse-Potenziale und für die Wertschöpfung durch Technologieexport sollte die Verfahrensentwicklung auch in Deutschland bis zur Demonstration im Produktionsmaßstab unterstützt werden.

4. AUSBILDUNG

acatech empfiehlt, die Interdisziplinarität der Forschung vom „Gen bis zum Kraftstoff" gezielt in die Ausbildung von Wissenschaftlern und Ingenieuren zu integrieren.

Für eine verbesserte Effizienz bei der Umsetzung von Biomasse werden synthetische Stoffwechselwege zunehmend an Bedeutung gewinnen. Die effiziente Gestaltung der Verfahrenskette von Rohstoff und Enzym bis zur Anwendung eines ausgereiften Kraftstoffes in Auto oder Flugzeug erfordert weit über die eigenen Fachgrenzen hinausgehendes Denken und die Befähigung zur Kooperation mit sehr unterschiedlichen Fachgebieten. Die Auseinandersetzung mit Technikfolgen und Sicherheitskonzepten sollte sowohl in die Ausbildung als auch von Anfang an in jedes Forschungsprojekt integriert werden.

5. KOMMUNIKATION

acatech empfiehlt, in der öffentlichen Kommunikation deutlich zu machen, dass eine biobasierte, nachhaltige Wirtschaft nicht ohne Technik und neue Technologien möglich ist.

Auch beim Thema „biotechnologische Energieumwandlung" muss unsere Abhängigkeit von unterschiedlichen Energieträgern bewusst gemacht werden und die Öffentlichkeit über Vor- und Nachteile der Bereitstellungswege – fossil oder biomassebasiert – informiert werden. Ebenso muss die Entwicklung der Erkenntnisse zu Technikfolgen transparent gemacht werden, damit eine informierte Öffentlichkeit an Entscheidungsprozessen mitwirken kann.

ANHANG: VERFAHREN UND WERKZEUGE DER BIOTECHNOLOGISCHEN ENERGIEUMWANDLUNG

Biogas

Biogas entsteht durch anaerobe Vergärung und ist ein Gasgemisch, das zu 50 bis 70 Prozent aus dem Energieträger Methan (CH_4) besteht. Weitere Bestandteile des in Biogasanlagen erzeugten Gasgemisches sind Kohlenstoffdioxid (30 bis 40 Prozent) sowie Spuren von Schwefelwasserstoff, Stickstoff, Wasserstoff und Ammoniak. Die Zusammensetzung des Biogases wird vom Vergärungsprozess und den eingesetzten Rohstoffen beeinflusst.

Der Substrateinsatz in den deutschen Biogasanlagen verteilt sich auf 54 Prozent tierische Exkremente (Gülle, Festmist), 26 Prozent nachwachsende Rohstoffe (Energiepflanzen, Gräser), 14 Prozent Bioabfälle und 6 Prozent Reststoffe aus Industrie und Landwirtschaft. Der Einsatz dieser breiten Palette von unterschiedlichen Roh- und Reststoffen ist ein besonderer Vorteil der Technologie.

In Deutschland ist die Umwandlung des Biogases in Strom in Blockheizkraftwerken (BHKW) am häufigsten. Das Erneuerbare-Energien-Gesetz (EEG) sichert, je nach eingesetztem Substrat, eine gegenüber konventionellem Strom erhöhte Einspeisevergütung und macht so den Betrieb von Biogasanlagen wirtschaftlich.

Biogas kann nach einer Aufbereitung in das Erdgasnetz eingespeist werden. Der dafür nötige technische Aufwand zur Abtrennung von Verunreinigungen ist ab etwa 1 MW_{el}-Leistung Anlagegröße rentabel (derzeit ca. 32 Anlagen in Deutschland).

Darüber hinaus kann Biogas als Treibstoff in Kraftfahrzeugmotoren genutzt werden, die mit Gas betrieben werden können, und stellt damit eine Alternative zu den Biodiesel-Kraftstoffen aus Ölpflanzen dar. Auch hier ist eine Aufbereitung notwendig. In Deutschland wird Biogas – wenn auch zu sehr geringen Anteilen – direkt für Erdgasfahrzeuge genutzt.

Die Biogastechnologie besitzt durch die Verwertung insbesondere von Gülle und anderen Abfallstoffen ein hohes Potenzial zur Reduktion von Treibhausgasen. Die Gärreste stehen als Düngemittel zur Verfügung und schließen im Sinne der Nachhaltigkeit regionale Kreisläufe.

Deutschland ist Technologieführer bei der Biogaserzeugung. Wichtig für eine langfristige Konkurrenzfähigkeit der Technologie ist neben der Anlagentechnik zur Reinigung und Aufbereitung des Biogases eine Effizienzsteigerung des Gärprozesses.[47] Unter anderem würde der verbesserte Aufschluss von Lignocellulosen auch bei der Biogasproduktion die Energieausbeute erhöhen und eine energetisch sinnvolle Nutzung von Reststoffen zum Beispiel aus der Landschaftspflege und gemischten Biomassen ermöglichen.

Die Biogastechnologie ist eine ausgereifte Technologie, ihre Effizienz kann jedoch noch verbessert werden durch:

— Nutzung der Abwärme,
— Einspeisung in die vorhandene Infrastruktur,
— Aufschluss lignocellulosischer Einsatzstoffe.

Sie eignet sich für den dezentralen Einsatz. Energiepflanzen bringen höchste Erträge, aber Rest- und Abfallstoffe sind ebenfalls verwertbar und besitzen ein deutlich besseres Potenzial zur Vermeidung von Treibhausgasemissionen.

Ethanol, 1. Generation

Ethanol entsteht mithilfe von Enzymen (fermentativ) aus einfachen Kohlenhydraten. Am effizientesten lassen sich stark zucker- und stärkehaltige Pflanzen umsetzen. Stärke wird vor dem eigentlichen Vergärungsschritt enzymatisch in einfache Zucker gespalten.

Nach der Fermentation muss Ethanol destillativ, alternativ mit Membrantrennverfahren, abgetrennt werden, was mit erheblichem Energieaufwand verbunden ist. Wird diese

---

[47] Weiland 2009.

Energie nicht aus erneuerbaren Quellen gewonnen, verringert sich das Treibhausgas- (THG-) Einsparpotenzial drastisch bzw. kann (bei Annahme der Energiegewinnung aus Braunkohle) auch negativ werden.[48]

In Deutschland werden zur Bioethanolproduktion vorwiegend Zuckerrüben und Getreide eingesetzt. Preislich können sie jedoch nicht mit auf Basis von Zuckerrohr hergestelltem Ethanol konkurrieren.

Die Erzeugung in Deutschland ist an Subventionen gebunden. Bioethanol auf Basis von Zuckerrüben zeigt gute THG-Einsparpotenziale bezogen auf den Hektarertrag, die bei optimierter Energieführung auch mit den Einsparpotenzialen von Zuckerrohr vergleichbar sind.

Die Ethanolgewinnung aus Zuckerrüben in Deutschland ist vor allem in der Verbindung mit dem EEG und den existierenden Zuckerfabriken lukrativ: Die Verlängerung des Kampagnengeschäftes, eine bessere Auslastung der Ethanolanlagen und die Nutzung der bestehenden Zuckerfabrik-Infrastruktur macht die Produktion lohnend.

Derzeit wird mehr Getreide als Zucker zur Ethanolproduktion eingesetzt, obwohl sowohl die Hektarerträge für Zuckerrüben als auch die THG-Einsparung pro Hektar höher sind.

Getreide ist derzeit aber aufgrund des Preises wirtschaftlicher als Zuckerrüben.[49] Wichtiges und werthaltiges Nebenprodukt bei der Ethanolherstellung aus Getreide ist Tierfutter (Dried Distillers Grains and Solubles, DDGS). Im Rückstand der Vergärung liegen die im Getreidekorn vorhandenen Proteine und Fette noch vor und können zur Tierernährung eingesetzt werden.

Die Anforderungen der Nachhaltigkeitsverordnung an das THG-Einsparpotenzial von mindestens 50 Prozent ab 2017 werden mit Weizenethanol beim Standardverfahren nicht erreicht. Um die Vorgaben einzuhalten, kann die nach der Vergärung zu Ethanol verbleibende Schlempe zur Biogasproduktion genutzt werden.

Der wirtschaftliche Erfolg einer Bioethanolanlage ist ohne die Förderung durch das EEG vor allem davon abhängig, ob der Produzent flexibel auf den Markt reagieren kann.[50] Als „commodity" ist Ethanol marktbedingten Preisschwankungen unterworfen, ebenso ist es der Rohstoff. Die Nebenproduktkommerzialisierung ist daher zwingend.

Unter europäischen Bedingungen muss daher im Sinne einer Bioraffinerie die gekoppelte Produktion von „food, feed, non-food" und Energie entwickelt werden. Berechnungen zeigen, dass zum Beispiel die gekoppelte Produktion von Bernsteinsäure, Essigsäure und Ethanol eine bessere Wirtschaftlichkeit erwarten lassen.[51] Mit diesem breiteren Produktportfolio kann auch besser auf sich verändernde Marktbedingungen reagiert werden. Haupthindernis für diese Bioraffinerien sind die hohen Investitionskosten. Nur sehr große Anlagen arbeiten wirtschaftlich; dabei ist allerdings mit großen Transportentfernungen zu rechnen und entsprechende Logistik nötig. Verbunden mit der Volatilität der Preise und der Amortisation erst nach längerer Laufzeit ist daher eine sehr hohe Hürde zu überwinden.

BioAmber, DSM und BASF arbeiten an der Entwicklung kommerzieller Anlagen zur Bio-Bernsteinsäureproduktion (nicht in Deutschland).

---

[48] Bohnenschäfer et al. 2007.
[49] März 2009.
[50] Villela Filho 2009.
[51] Luo et al. 2010.

Zusammenfassend lässt sich konstatieren, dass die landwirtschaftliche Produktion von Pflanzen für Ethanol der ersten Generation in Konkurrenz zur Futter- und Lebensmittelproduktion steht. Eine wirtschaftlich nachhaltige Nutzung der Technologie in Deutschland ist nur in kombinierten Verfahren mit höherwertigen Produkten zu erwarten.

Ethanol, 2. und 3. Generation

Als „Ethanol der 2. Generation" wird die Ethanolherstellung aus lignocellulosischen Rohstoffen bezeichnet.
Ethanol aus Lignocellulosen ist chemisch identisch mit Ethanol der 1. Generation. Die Unterscheidung liegt in den eingesetzten Rohstoffen. Im Gegensatz zu Ethanol der 1. Generation, das aus Agrarprodukten, die auch als Lebensmittel Verwendung finden, hergestellt wird, kann Ethanol der 2. Generation aus Nebenprodukten der Landwirtschaft (zum Beispiel Stroh) oder anderen Lignocellulosen hergestellt werden.

Fermentation nach Hydrolyse

Die in den Lignocellulosen gebundenen Kohlenhydrate sind schwieriger freizusetzen als solche aus stärkehaltigen Ausgangsstoffen und erfordern einen komplexen Aufschlussprozess (Cellulose-Hydrolyse). Zudem liegen neben den (einfach umzusetzenden) C-6-Zuckern erhebliche Anteile von C-5-Zuckern im Hydrolysat vor, die im Standardverfahren der 1. Generation nur sehr langsam umgesetzt werden und ebenfalls eine Anpassung erfordern.

Der Cellulose-Aufschluss kann nach thermo-mechanischer oder thermo-chemischer Vorbehandlung entweder über saure oder enzymatische Hydrolyse erreicht werden. Beide Verfahren wurden intensiv untersucht. Eine Schlüsselstellung für ein erfolgreiches Verfahren nimmt die effiziente Verwertung der C-5-Zucker ein.

Pilot- und Demonstrationsanlagen für Lignocellulose-Ethanol finden sich vor allem in den USA, Europa, Brasilien, Kanada, China.

In Europa sind Pilot- und Demonstrationsanlagen unter anderem in Dänemark, Finnland, Schweden, Norwegen, Italien und UK in Betrieb. Biogasol und Abengoa (kommerzielle Anlage) sind auch mit US-amerikanischen Projekten präsent.

In Deutschland (Straubing) wird derzeit eine erste Demonstrationsanlage der Süd-Chemie (Clariant) zur Ethanolgewinnung (1,2 Millionen Liter pro Jahr) aus Stroh errichtet.

In Finnland (Metso/UPM-Kymmene) wird an der Nutzung von Papierfasern aus Rest- und Abfallstoffen (Papierfabriken, kommunaler Abfall) für die Ethanolgewinnung gearbeitet. In diesem Verfahren ist der Aufschluss und die Cellulose-Hydrolyse einfacher zu beherrschen; zudem bieten Abfälle eine kostengünstige Rohstoffbasis. Die Pilotstufe war erfolgreich, eine Demonstrationsanlage soll bis 2013 errichtet werden.[52]

Wichtige Enzymhersteller für den lignocellulolytischen Aufschluss sind: Novozymes (Dänemark), Syngenta/Proteus (UK, Schweden/Frankreich), Codexis (USA), Dyadic (USA), Biomethodes (Frankreich).

Entscheidende Vorteile bei der Nutzung von lignocellulosischen Rohstoffen (insbesondere Neben- oder Restprodukte der Land- und Forstwirtschaft) sind die Vermeidung einer Konkurrenz zur Nahrungsmittelproduktion und die höheren THG-Einsparpotenziale, die realisierbar sind.

Synthesegasfermentation

Bioethanol der 2. Generation kann auch über die sogenannte Synthesegasfermentation gewonnen werden. Das Prinzip

---

[52] Metso/UPM-Kymmene 2011.

der Synthesegasfermentation ist eine thermochemische Gasifizierung und anschließende anaerobe Fermentation des Synthesegases zu Ethanol. „Synthesegas" bezeichnet eine Mischung aus CO_2/CO und H_2 und ist auch Grundlage für chemische BtL-Verfahren.[53]

Zur Gasifizierung können sowohl Biomasse als auch allgemein organische Substanzen (zum Beispiel aus kommunalen Abfällen) genutzt werden. Nach erfolgreicher Pilotphase in UK startete IneosBio 2011 den Bau einer kommerziellen Anlage in den USA.

Die chemische Technologie zur Synthesegasherstellung ist bereits lange bekannt. Vorteile des neu entwickelten, sich anschließenden Fermentationsprozesses sind die geringen Temperatur- und Druckanforderungen gegenüber chemisch-katalytischen Methoden und die Unempfindlichkeit der Mikroorganismen gegenüber Schwankungen in der Gaszusammensetzung. Die Gasifizierung umgeht die für Ethanolgewinnung durch Vergärung der Zucker notwendige, aufwändige Vorbehandlung und Hydrolyse der Biomasse. Nachteile des Verfahrens sind die geringere volumetrische Produktivität, die Limitation der Gaszugabe in die flüssige Phase sowie die Inhibierung der Organismen.

Auf Basis von Synthesegas wurden auch kombinierte chemisch-biotechnologische Prozesse entwickelt. Nach dem thermochemischen Aufschluss der Lignocellulose erfolgt biotechnologisch die Essigsäureproduktion. Die nachfolgende chemische Hydrierung der Säure mit Wasserstoff (aus dem Biomasse-Synthesegas) erhöht die Gesamtausbeute (Verfahren nach ZeaChem).

Auch die Nutzung von Abgasströmen aus der Stahlherstellung oder Kraftwerken ist möglich (Ethanol 3. Generation). Rauchgase von Kohlekraftwerken enthalten bis zu 14 Prozent, Abgase der Stahlproduktion bis zu 33 Prozent CO/CO_2.

Große Energieproduzenten erforschen bereits die Verwertung ihrer CO_2-Emission in Anlagen zur Algenkultivierung. Für die industrielle CO_2-Verwertung aus Rauchgasen zu beispielsweise Ethanol sind Bakterien wegen ihrer Lichtunabhängigkeit und höheren Raum-Zeit-Ausbeute allerdings vorzuziehen.

Der je nach Verfahren neben CO/CO_2 einzuspeisende Wasserstoff (H_2) kann als Nebenprodukt der Chloralkali-Elektrolyse und in viel größerem Maßstab von Kokereien bereitgestellt werden. Letztere geben allein in Nordrhein-Westfalen 2 bis 3 Millionen t/a H_2 ab (500 m³ H_2/t Koks).

LanzaTech (Neuseeland) etabliert derzeit eine Pilotanlage für Ethanol in einem Stahlwerk (Boa-Steel; Shanghai). Deren ebenfalls auf Clostridien basierendes Verfahren ist von externem H_2 unabhängig.

Die Herstellung von Ethanol aus Lignocellulosen und organischen Rest- und Abfallstoffen ist technisch in verschiedenen Verfahrenswegen entwickelt und steht als Technologie in ersten Pilotanlagen zur Verfügung. Die Konkurrenzfähigkeit der verschiedenen Verfahrensführungen untereinander und gegenüber chemischen Methoden muss sich noch erweisen. Mittel- bis langfristig wird eine preisliche Konkurrenzfähigkeit zu fossilen Kraftstoffen erwartet. Führende Unternehmen haben Kooperationen in Ländern mit hohen Biomassepotenzialen.

Butanol
Butanol wird durch Fermentation mit Clostridium spp. oder Hefen gewonnen. Prinzipiell sind alle Ausgangssubstrate einsetzbar, die auch für die Ethanolherstellung genutzt werden.

Der Vorteil von Butanol gegenüber Ethanol als Treibstoff ist, dass es aufgrund der geringen Mischbarkeit mit Wasser besser in die bestehende Infrastruktur einzubinden ist (Transport

---

[53] BtL = „Biomass-to-liquid" Verfahren bezeichnen die Kraftstoffherstellung aus Biomasse durch Gasifizierung und anschließende chemische Synthese.

via Pipeline) und eine höhere Energiedichte (vergleichbar der von Benzin) besitzt. Biobutanol ist ein zertifizierter Biokraftstoff, für den technische Normen für die Zulassung existieren. Nachteilig sind die bislang erreichten Umsetzungsraten der eingesetzten Biomasse. Deshalb ist Ethanol nach einer Studie[54] derzeit noch ökologisch und ökonomisch sinnvoller herzustellen als Butanol. Entscheidend dafür ist die erzielbare Ausbeute pro eingesetzter Biomasse. Die Steigerung der Umsetzungsrate ist Gegenstand intensiver Forschung.

Ebenfalls untersucht wird eine vereinfachte, energiesparende Abtrennung von Butanol über Extraktion. Hier müssten jedoch die Produktkonzentrationen in der Fermentation deutlich erhöht werden. Grundlegende Arbeiten zum Verhalten der Mikroorganismen unter diesen Bedingungen sind noch nötig.

Bei der Herstellung von Butanol wird zwischen n- und iso-Butanol unterschieden. Für Kraftstoffe weist iso-Butanol die besseren Eigenschaften auf; zudem sind die iso-Butanol produzierenden Hefen robuster als die n-Butanol produzierenden Clostridien. Eine Kommerzialisierung wird daher zunächst für iso-Butanol erwartet.

n-Butanol hat das bessere Potenzial als Plattformchemikalie. Durch Dehydratisierung und folgende Oligomerisierung sind angepasste Kraftstoffe für Schwerlast- und Flugverkehr herstellbar; offen ist die Frage des Preisniveaus dieser Kraftstoffe gegenüber fossilen Kraftstoffen.

Demonstrationsanlagen für iso-Butanol sowie n-Butanol werden in Europa und USA geplant (Gevo: iso-Butanol, Butamax: iso-Butanol, CobaltTechnologies: n-Butanol).

Biobutanol ist ein möglicher Kraftstoff der Zukunft. Seine mit konventionellen Treibstoffen vergleichbare Energiedichte und die Möglichkeit der Nutzung bestehender Infrastrukturen prädestinieren Butanol vor allem für den Ersatz von Diesel als Kraftstoff (Schwerlastverkehr).

Biobutanol und Ethanol könnten nebeneinander im Kraftstoffmarkt bestehen.

Mikrobielle Ölproduktion

Die mikrobielle Ölproduktion mithilfe von Bakterien und Hefen basiert auf optimierten Stoffwechselwegen oder auch synthetisch hergestellten Biosynthesemodulen. Die Produktionsorganismen benötigen Zucker als Kohlenstoff- und Energiequelle. Interessant ist vor allem die Produktion hochwertiger Öle, die auch im Lebensmittel- und Kosmetikbereich eingesetzt werden.

Zielprodukte für Kraftstoffe sind unter anderem Farnesene, die als Kohlenwasserstoffe der Isopren-Reihe gut als „drop-in-fuels" für Flugbenzin einsetzbar sind. Aufgrund der noch nicht beendeten Technologieentwicklung gibt es jedoch noch keine gesicherten Angaben über die Energiebilanz der Verfahren. Sie erfahren jedoch eine starke Förderung durch den Einsatz der Produkte als Militärkraftstoff in den USA. LS9 und Amyris planen Anlagen im Pilotmaßstab (USA, Brasilien).

Wasserstoff

Wasserstoff als Energieträger hat in der öffentlichen Wahrnehmung eine große Bedeutung als „sauberer" Brennstoff der Zukunft. Derzeit werden jedoch über 90 Prozent des industriell genutzten Wasserstoffs auf Basis fossiler Quellen hergestellt. Um mit Wasserstoff tatsächlich einen sauberen Energieträger der Zukunft zur Verfügung zu haben, ist eine regenerative Produktion notwendig. Die großen Energieverluste bei der Elektrolyse von Wasser sind nur zu rechtfertigen, wenn die Speicherung von Wasserstoff effizienter als bislang gelöst werden kann (Erhöhung der volumenbezogenen Speicherdichte). Wasserstoff als

---

[54] Pfromm et al. 2010.

„sauberer" Energieträger lässt sich gut mit elektromotorischen Antrieben kombinieren.

Eine weitere Möglichkeit, Wasserstoff regenerativ zu erzeugen, ist die Nutzung von Wasserstoff produzierenden Algen und Bakterien. Derzeit konzentriert sich die Forschung auf die oxygene Photosynthese.[55] Die mit Cyanobakterien erzeugbare Konzentration des elementaren Wasserstoffs ist jedoch äußerst gering und unter heutigen Gesichtspunkten nur durch molekularbiologische Veränderungen zu steigern. Im Falle der Grünalgen gibt es viel versprechende Ansätze, wenngleich eine Reihe prinzipieller Probleme (wie die Sauerstoffempfindlichkeit) zu lösen sind.

Die photobiologische Wasserstoffherstellung einschließlich Gasreinigung ist ihrem Prinzip nach hoch komplex und befindet sich im Stadium der Grundlagenforschung. Eine industrielle Anwendung ist zurzeit nicht absehbar.

Algenbiotechnologie

Autotrophe Algen
Algen sind aufgrund ihrer hohen Photosyntheseleistung Gegenstand intensiver Forschung auch zur Bioenergieproduktion (u. a. Botryococcus und Scenedesmus-Arten). Neben den erzielbaren hohen Hektarerträgen an Biomasse sind die geringen Flächenkonkurrenzen zur agrarischen (Lebensmittel-) Produktion ein wichtiger Vorteil. Mikroalgen können bis über 60 Prozent Fette enthalten und sind damit den agrarischen, saisonalen Ackerpflanzen deutlich überlegen.[56]

Es wurden verschiedene Algenkultivierungssysteme erprobt und entwickelt. Geschlossene Photobioreaktoren ermöglichen neben reproduzier- und steuerbaren Kultivierungsbedingungen auch weitgehend die Verhinderung von Wasserverlusten. Offene Kultivierungssysteme sind unter mitteleuropäischen Bedingungen aufgrund der zu geringen Sonneneinstrahlung nicht produktiv genug.

Der Markt für Mikroalgen wird jedoch durch Nahrungsergänzungsmittel, Futterzusätze sowie kosmetische und pharmazeutische Produkte bestimmt. Der vorwiegend energetischen Nutzung stehen die hohen Produktions- und Aufarbeitungskosten entgegen.

Das unter dem Gesichtspunkt wirtschaftlicher Konkurrenzfähigkeit bedeutende Potenzial für Deutschland liegt bei der Algentechnologie vor allem in der synergistischen Nutzung der hochwertigen Inhaltsstoffe und einer Energieerzeugung als „Nebenprodukt". Außerdem ist Deutschland Technologieführer für geschlossene Photobioreaktoren. Hier besteht ein Wertschöpfungspotenzial durch den Export der Technologie in Länder, in denen die höhere Sonneneinstrahlung das Verfahren insgesamt wirtschaftlicher macht.

Heterotrophe Algen
Heterotrophe Algen (zum Beispiel Chlorella-Arten) können Zucker als Kohlenstoffquelle nutzen im Gegensatz zur autotrophen Kultivierung, bei der die Algen ihren Kohlenstoffbedarf mithilfe von CO_2 und Photosynthese decken. Der Vorteil ist, dass deutlich höhere Biomassekonzentrationen als bei autotrophen Algen und damit höhere Raum-Zeit-Ausbeuten möglich sind.[57] Zielprodukte sind vor allem Öle, die unter optimierten Bedingungen bis zu 80 Prozent der Biomasse betragen können.[58] Für eine wirtschaftliche Produktion sind aber ebenfalls hochwertige Produkte nötig, um die Unsicherheit des steigenden Zuckerpreises ausgleichen zu können. Ein Potenzial für die Technologie ist zu sehen, wenn „billigere Cellulosezucker" am Markt sind.

---

[55] Bley et al. 2009.
[56] Pulz 2009.
[57] Malcata 2011.
[58] Solazyme 2012.

Mikrobielle Brennstoffzellen

Mikrobielle Brennstoffzellen oder Microbial Fuel Cells (MFC) produzieren mithilfe von lebenden Mikroorganismen elektrischen Strom. Nutzbar sind unterschiedlichste organische Substrate, unter anderem auch aus Abwasserströmen. MFC haben den Vorteil, dass der elektrische Strom unter sehr milden Bedingungen (Raumtemperatur, Umgebungsdruck) generiert werden kann.

Die Aktivitäten auf dem Gebiet der MFC sind noch weitgehend der Forschung zuzuordnen.[59] Die internationalen Schwerpunkte liegen derzeit im amerikanischen, australischen und asiatischen Raum. Erfahrungen mit MFC liegen bisher nahezu ausschließlich im Labormaßstab vor, Untersuchungen im Technikums-/Pilotmaßstab werden allerdings verstärkt in Angriff genommen. Ein besonders interessantes Anwendungsgebiet ist dabei die direkte Stromproduktion aus Abwässern (industrielle und kommunale Abwasserbehandlung). 2008 wurde in Australien eine Pilotanlage einer mikrobiellen Brennstoffzelle zur Klärung von Brauereiabwasser eingesetzt.[60] Weitere Kommerzialisierungsbestrebungen gibt es in den USA, Israel, Niederlanden.[61]

Mikrobielle Brennstoffzellen enthalten gerade im Abwasserbereich ein wirtschaftliches Anwendungspotenzial. Es ist davon auszugehen, dass die Technologie mittel- bis langfristig in die Praxis umgesetzt werden kann. Wichtige Faktoren dafür sind die niedrigen Temperatur- und Konzentrationsanforderungen sowie das nicht unerhebliche Energieeinsparungspotenzial bei der Abwasserbehandlung.

Synthetische Biologie

In der Synthetischen Biologie werden biologische Systeme verändert und gegebenenfalls mit chemisch synthetisierten Komponenten zu neuen Einheiten kombiniert. Ausgehend von rekombinanten Verfahren der Gentechnik und basierend auf dem baukastenartigen Zusammenfügen von Stoffwechselfunktionen können dabei Stoffwechselwege und andere Merkmale entstehen, wie sie in natürlich vorkommenden Organismen bisher nicht bekannt sind. Gegenwärtig befinden sich die Arbeiten noch auf der Ebene der Grundlagenforschung. Als denkbare Anwendung gelten unter anderem verbesserte Verfahren zur Gewinnung von Biokraftstoffen. Es ist „das Hauptziel des Einsatzes der Synthetischen Biologie, einfache Organismusstrukturen zu entwickeln, die in heterotrophen Fermentationsprozessen entweder organisches Material hocheffizient in Treibstoffe umwandeln oder […] in Photobioreaktoren über einen phototrophen Prozess anorganisches CO_2 und Sonnenlicht direkt in kohlenstoffbasierte Treibstoffe konvertieren."[62]

Algen stehen hier derzeit im Fokus. Wie bereits im Abschnitt „Algenbiotechnologie" erwähnt, stehen diese Mikroorganismen nicht in Flächenkonkurrenz zu agrarischer Lebensmittelproduktion und bestehen mitunter zu mehr als der Hälfte aus verwertbarem Öl. Zudem eröffnet die Nutzung phototropher Mikroorganismen direkte Syntheseketten zu Treibstoffen, ohne dass man über die Zwischenstufe „Biomasse" gehen müsste. Im Rahmen einer seit 2009 bestehenden Kooperation von Exxon Mobil und SGI sollen Biokraftstoffe aus photosynthetischen Algen produziert werden. Craig Venter sucht dazu einen natürlichen Algenstamm, mit dem eine kommerzielle Biokraftstoffproduktion möglich wäre, und verfolgt die Option, eine komplett synthetische Algenzelle zu entwerfen. Im Jahr 2011 wurde zwischen Monsanto und dem Algen-Unternehmen Sapphire Energy eine Allianz geschlossen, die Algen und Methoden des Metabolic Engineering in den Blick nimmt. Um die Algen hinsichtlich Ertrag, Krankheitsresistenz und Verarbeitbarkeit zu optimieren, ist das

---

[59] Sievers et al. 2010.
[60] Microbialfuelcell 2011.
[61] Pant et al. 2011.
[62] Vgl. Kruse 2011.

Design maßgeschneiderter Stoffwechselwege besonders vielversprechend.

Mit Methoden der Synthetischen Biologie lassen sich neuartige Stoffwechselwege auch in Bakterien entwickeln. So wurden von einer Gruppe um Jim Liao (University of California, Los Angeles) synthetische Stoffwechselwege in Kolibakterien durch Methoden der Synthetischen Biologie entwickelt, über die längerkettige Alkohole produziert werden, welche sich wiederum als Kraftstoffe mit hoher Energiedichte auszeichnen.[63] E.coli war auch Plattform für die Etablierung eines neuen Stoffwechselweges von Hemicellulosen zu Fettsäureestern, die wiederum zu Biodiesel oder anderen Produkten weiterverarbeitet werden können.[64] Diese Nutzung von Hemicellulose als Substrat für die Treibstoffherstellung ist als wichtiger Durchbruch zu werten.[65] Auch das US-amerikanische Energy Biosciences Institute, das von BP im Zeitraum 2007 bis 2017 mit 500 Millionen US-Dollar finanziert wird, beschäftigt sich mit der Umwandlung von Lignocellulosen. So befasst sich ein Projekt mit dem Engineering des Bakteriums Zymomonas mobilis mit dem Ziel, aus Lignocellulosen Ethanol zu gewinnen.[66]

---

[63] Wendisch 2011.
[64] Stehen et al. 2010.
[65] Kruse 2011.
[66] EBI 2011.

LITERATUR

acatech 2011
acatech (Hrsg.): *Akzeptanz von Technik und Infrastrukturen* (acatech BEZIEHT POSITION Nr. 9), Heidelberg u. a.: Springer Verlag 2011.

AEBIOM 2011
AEBIOM: *Annual Statistical Report*, 2011. URL: http://dl.dropbox.com/u/20828815/2011%20AEBIOM%20Annual%20Statistical%20Report.pdf [Stand: 01.03.2012].

Bauer et al. 2010
Bauer, A. / Leonhartsberger, C. et al.: "Analysis of methane yields from energy crops and agricultural by-products and estimation of energy potential from sustainable crop rotation systems in EU-27". In: *Clean Technologies and Environmental Policy*, 2010.

BiofuelsDigest 2011
BiofuelsDigest: *Advanced Biofuels Project Database*, 2011. URL: http://www.ascension-publishing.com/BIZ/ABTDv18.xls [Stand: 01.03.2012].

BioÖkonomieRat 2012
BioÖkonomieRat: *Stellungnahme zu Bioenergie*, 2012.

Bley et al. 2009
Bley, T. / Kirsten, C. et al.: „Bioenergie in Deutschland". In: Bley, T. (Hrsg.): *Biotechnologische Energieumwandlung - Gegenwärtige Situation, Chancen und künftiger Forschungsbedarf* (acatech DISKUTIERT), Heidelberg u. a.: Springer Verlag 2009.

BMBF 2010
Bundesministerium für Bildung und Forschung (BMBF) (Hrsg.): *Nationale Forschungsstrategie BioÖkonomie 2030*, Bonn 2010. URL: http://www.bmbf.de/pub/biooekonomie_kurzfassung.pdf [Stand: 01.03.2012].

BMU und BMELV 2009
Bundesministerium für Umwelt, Naturschutz und Reaktorsicherheit (BMU) /Bundesministerium für Ernährung, Landwirtschaft und Verbraucherschutz (BMELV) (Hrsg.): *Nationaler Biomasseaktionsplan der Bundesregierung*, Berlin 2009. URL: http://www.bmelv.de/cln_181/SharedDocs/Downloads/Broschueren/BiomasseaktionsplanNational.pdf?__blob=publicationFile [Stand: 01.03.2012].

BMWi 2010
Bundesministerium für Wirtschaft und Technologie (BMWi) (Hrsg.): *Rohstoffstrategie der Bundesregierung*, Berlin 2010. URL: http://www.bmwi.de/Dateien/BMWi/PDF/rohstoffstrategie-der-bundesregierung,property=pdf,bereich=bmwi,sprache=de,rwb=true.pdf [Stand: 01.03.2012].

BMWi 2011
Bundesministerium für Wirtschaft und Technologie (Hrsg.): *6. Energieforschungsprogramm der Bundesregierung*, Berlin 2011. URL: http://www.bmwi.de/BMWi/Redaktion/PDF/E/6-energieforschungsprogramm-der-bundesregierung,property=pdf,bereich=bmwi,sprache=de,rwb=true.pdf [Stand: 01.03.2012].

Bohnenschäfer et al. 2007
Bohnenschäfer, W./ Ebert, M. et al.: *CO_2-Minderungsmengen und -kosten bei einer Nutzung nachwachsender Rohstoffe im energetischen Bereich*, (Specific Quantities and Costs of CO2 Reduction through Usage of Renewable Resources in the Energy Sector), Coordinator: Institute for Energy and Environment (IE), Leipzig; Commissioned by the Agency of Renewable Resources (FNR), Gülzow (D), 2007.

Bringezu et al. 2009
Bringezu, S. / Schütz, H. et al.: „Nachhaltige Flächennutzung und nachwachsende Rohstoffe – Optionen einer nachhaltigen Flächennutzung und Ressourcenschutzstrategien unter besonderer Berücksichtigung der nachhaltigen Versorgung mit nachwachsenden Rohstoffen". In: *Umweltbundesamt Texte*, 34, 2009.

EBI 2011
Energy Biosciences Institute (EBI): *Engineering Zymomonas mobilis for the Efficient Production of Biofuels from Lignocellulosic Biomas*, 2011. URL: http://www.energybiosciencesinstitute.org/index.php?option=com_content&task=view&id=308&Itemid=1 [Stand: 01.03.2012].

EEG 2012
EEG Novelle: *Gesetz zur Neuregelung des Rechtsrahmens für die Förderung der Stromerzeugung aus erneuerbaren Energien*, 2012. URL: http://www.erneuerbare-energien.de/inhalt/47469/4590/ [Stand: 01.03.2012].

Europäische Kommission 1997
Europäische Kommission: *Energie für die Zukunft: erneuerbare Energieträger – Weißbuch für eine Gemeinschaftsstrategie und Aktionsplan (Mitteilung der Kommission vom 26. November 1997)*, 1997. URL: http://eur-lex.europa.eu/LexUriServ/LexUriServ.do?uri=CELEX:51997DC0599:DE:NOT [Stand: 01.03.2012].

Europäische Kommission 2008
Europäische Kommission: *Mitteilung der Kommission – Energieeffizienz: Erreichung des 20 %-Ziels*, 2008. URL: http://eur-lex.europa.eu/LexUriServ/LexUriServ.do?uri=CELEX:52008DC0772:DE:NOT [Stand: 01.03.2012].

Europäische Kommission 2009
Europäische Kommission: Fortschrittsbericht: *Erneuerbare Energien, (KOM/2009/0192 endg., Mitteilung der Kommission an den Rat und das Europäische Parlament)*, 2009. URL: http://eur-lex.europa.eu/LexUriServ/LexUriServ.do?uri=CELEX:52009DC0192:DE:NOT [Stand: 01.03.2012].

Europäische Kommission 2010
Europäische Kommission: *Europeans and Biotechnology in 2010*, 2010. URL: http://ec.europa.eu/public_opinion/archives/ebs/ebs_341_winds_en.pdf [Stand: 01.03.2012].

Europäische Kommission 2011a
Europäische Kommission: *Commission Communication on renewable energy (MEMO/11/54)*. URL: http://europa.eu/rapid/pressReleasesAction.do?reference=MEMO/11/54&format=HTML&aged=0&language=en&guiLanguage=en [Stand: 01.03.2012].

Europäische Kommission 2011b
Europäische Kommission: *EU Taxation*, 2011: URL: http://ec.europa.eu/taxation_customs/resources/documents/taxation/com_2011_169_en.pdf [Stand: 01.03.2012].

FNR 2011
Fachagentur Nachwachsende Rohstoffe (FNR) (Hrsg.): *Bedeutung der Bioenergie innerhalb der erneuerbaren Energien*, 2011. URL: http://www.nachwachsenderohstoffe.de/fileadmin/fnr/images/daten-und-fakten/2011/abb_06_2011_300dpi_rgb.zip [Stand: 01.03.2012].

Literatur

Gübitz et al. 2010
Gübitz, G. M. et al.: *Biogas science – State of the art and future perspectives*. Eng. Life Sci, 10: 6, 2010, S. 491-492.

IEA 2010
International Energy Agency (IEA) (Hrsg.): *IEA Bioenergy Annual Report*, 2010. URL: http://www.task39.org/LinkClick.aspx?fileticket=Q1H5nSQ3tB0%3d&tabid=4426&language=en-US [Stand: 01.03.2012].

IEA 2011a
International Energy Agency (IEA) (Hrsg.): *IEA Biofuels Roadmap*, 2011. URL: http://www.iea.org/papers/2011/biofuels_roadmap.pdf [Stand: 01.03.2012].

IEA 2011b
International Energy Agency (IEA) (Hrsg.): *IEA Biofuels Foldout*, 2011. URL: http://www.iea.org/papers/2011/Biofuels_Foldout.pdf [Stand: 01.03.2012].

IFPRI 2011
International Food Policy Research Institute (IFPRI) (Hrsg.): *Assessing the land use change consequences of European biofuel policies*, 2011: URL: http://www.ifpri.org/publication/assessing-land-use-change-consequences-european-biofuel-policies [Stand: 01.03.2012].

Kruse 2011
Kruse, O.: „Synthetische Biologie und Biotreibstoffe". In: Pühler, A./Müller-Röber, B. et al.: *Synthetische Biologie. Die Geburt einer neuen Technikwissenschaft* (acatech DISKUSSION), Heidelberg u. a.: Springer Verlag 2011, S. 96-97.

Leopoldina 2012
Deutsche Akademie der Naturforscher Leopoldina (Hrsg.): *Bioenergie: Chancen und Grenzen*, Halle / Saale 2012 (Im Erscheinen).

Luo et al. 2010
Luo, L. / Van der Voet, E. et al.: „Biorefining of lignocellulosic feedstock – Technical, economic and environmental considerations". In: *Bioresource Technology*, 101: 13, Juli 2010, S. 5023-5032.

März 2009
März, U.: *Stoffliche Verwertung von Kohlenhydraten in der Bundesrepublik Deutschland (angefertigt für Fachagentur Nachwachsende Rohstoffe e. V.)*, 2009.

Malcata 2011
Malcata, F. X.: „Microalgae and biofuels: A promising partnership?" In: *Trends in Biotechnology*, 29: 11, November 2011, S. 542 – 549.

Metso/UPM-Kymmene 2011
Metso/UPM-Kymmene: *Nutzung von Papierfasern aus Rest- und Abfallstoffen für die Ethanolgewinnung*, 2011. URL: http://www.biofuelstp.eu/cell_ethanol.html#biogasol [Stand: 01.03.2012].

Microbialfuelcell 2011
Microbialfuelcell.org: *Pilotanlage einer mikrobiellen Brennstoffzelle zur Klärung von Brauereiabwasser*, 2011. URL: http://www.microbialfuelcell.org/www/index.php/Applications/ [Stand: 01.03.2012].

OECD 2011
Organisation for Economic Co-operation and Development (OECD): *OECD-FAO Agricultural Outlook 2011-2020*, 2011. URL: http://stats.oecd.org/viewhtml.aspx?QueryId=30107&vh=0000&vf=0&l&il=blank&lang=en [Stand: 01.03.2012].

Pant et al. 2011
Pant, D. / Singh, A. et al.: „An introduction to the life cycle assessment (LCA) of bioelectrochemical systems (BES) for sustainable energy and product generation: Relevance and key aspects". In: *Renewable and Sustainable Energy Reviews*, 15: 2, 2011, S. 1305-1313.

Pfromm et al. 2010
Pfromm, P. / Amanor-Boadu, V. et al.: „Bio-butanol vs. bioethanol: A technical and economic assessment for corn and switchgrass fermented by yeast or Clostridium acetobutylicum". In: *Biomass and Bioenergy*, 34: 4, 2010, S. 515-524.

Pulz 2009
Pulz, O.: „Mikroalgen als Energieträger der Zukunft". In: Bley, T. (Hrsg.): *Biotechnologische Energieumwandlung – Gegenwärtige Situation, Chancen und künftiger Forschungsbedarf* (acatech DISKUTIERT), Heidelberg u. a.: Springer Verlag 2009, S. 95-99.

RED 2009
Renewable Energy Directive (RED): *Richtlinie 2009/28/EG des Europäischen Parlaments und des Rates vom 23. April 2009 zur Förderung der Nutzung von Energie aus erneuerbaren Quellen: Renewable Energy Directive* (RED), 2009. URL: http://eur-lex.europa.eu/LexUriServ/LexUriServ.do?uri=OJ:L:2009:140:0016:0062:de:PDF [Stand: 01.03.2012].

Solazyme 2012
Solazyme: *Technology. Biotechnology that Creates Renewable Oils from Microalgae.* URL: http://solazyme.com/technology [Stand: 20.04.2012].

SRU 2007
Sachverständigenrat für Umweltfragen (SRU) (Hrsg.): *Klimaschutz durch Biomasse* (Kurzfassung des Sondergutachtens), 2007.

Sievers et al. 2010
Sievers, M. / Schläfer, O. et al.: *Machbarkeitsstudie für die Anwendung einer mikrobiellen Brennstoffzelle im Abwasser- und Abfallbereich* (DBU Abschlussbericht AZ 26580- 31), 2010.

Stehen et al. 2010
Stehen, E. / Kang, Y. et al.: „Microbial production of fatty acid-derived chemicals from plant biomass". In: *Nature*, 463, 2010, S. 559-562.

TAB 2010
Meyer, R./Rösch, C./Sauter, A.: *Chancen und Herausforderungen neuer Energiepflanzen* (TAB-Arbeitsbericht Nr. 136), Berlin 2010.

Thauer 2008
Thauer, R. K.: „Biologische Methanbildung: Eine erneuerbare Energiequelle von Bedeutung?". In: Gruss, P./Schüth, F. (Hrsg): *Die Zukunft der Energie*, München: Verlag C. H. Beck 2008, S. 119-137.

Villela Filho 2009
Villela Filho, M.: „Erfolgsfaktoren der Bioethanolproduktion". In: Bley, T. (Hrsg.): *Biotechnologische Energieumwandlung – Gegenwärtige Situation, Chancen und künftiger Forschungsbedarf* (acatech DISKUTIERT), Heidelberg u. a.: Springer Verlag 2009, S. 37-56.

WBGU 2009
Wissenschaftlicher Beirat der Bundesregierung Globale Umweltveränderungen (WBGU): *Welt im Wandel – Zukunftsfähige Bioenergie und nachhaltige Landnutzung*, Berlin 2009.

WBGU 2011
Wissenschaftlicher Beirat der Bundesregierung Globale Umweltveränderungen (WBGU): *Welt im Wandel – Gesellschaftsvertrag für eine Große Transformation*, Berlin 2011.

Weiland 2009
Weiland, P.: „Verbesserung der Effizienz und Umweltverträglichkeit von Biogasanlagen". In: Bley, T. (Hrsg.): *Biotechnologische Energieumwandlung – Gegenwärtige Situation, Chancen und künftiger Forschungsbedarf* (acatech DISKUTIERT), Heidelberg u. a.: Springer Verlag 2009, S. 61-72.

Wendisch 2011
Wendisch, V.: „Synthetische Biologie zum Design massgeschneiderter Stoffwechselwege". In: Pühler, A./Müller-Röber, B. et al.: *Synthetische Biologie – Die Geburt einer neuen Technikwissenschaft* (acatech DISKUSSION), Heidelberg u. a.: Springer Verlag 2011, S. 72.

> BISHER SIND IN DER REIHE acatech POSITION UND IHRER VORGÄNGERIN acatech BEZIEHT POSITION FOLGENDE BÄNDE ERSCHIENEN:

acatech (Hrsg.): *Mehr Innovationen für Deutschland. Wie Inkubatoren akademische Hightech-Ausgründungen besser fördern können* (acatech POSITION), Heidelberg u.a.: Springer Verlag 2012.

acatech (Hrsg.): *Georessource Wasser – Herausforderung Globaler Wandel. Ansätze und Voraussetzungen für eine integrierte Wasserressourcenbewirtschaftung in Deutschland* (acatech POSITION), Heidelberg u.a.: Springer Verlag 2012.

acatech (Hrsg.): *Future Energy Grid. Informations- und Kommunikationstechnologien für den Weg in ein nachhaltiges und wirtschaftliches Energiesystem* (acatech POSITION), Heidelberg u.a.: Springer Verlag 2012. Auch in Englisch erhältlich (als pdf) über: www.acatech.de

acatech (Hrsg.): *Cyber-Physical Systems. Innovationsmotor für Mobilität, Gesundheit, Energie und Produktion* (acatech POSITION), Heidelberg u.a.: Springer Verlag 2011. Auch in Englisch erhältlich (als pdf) über: www.acatech.de

acatech (Hrsg.): *Den Ausstieg aus der Kernkraft sicher gestalten. Warum Deutschland kerntechnische Kompetenz für Rückbau, Reaktorsicherheit, Endlagerung und Strahlenschutz braucht* (acatech POSITION), Heidelberg u.a.: Springer Verlag 2011. Auch in Englisch erhältlich (als pdf) über: www.acatech.de

acatech (Hrsg.): *Smart Cities. Deutsche Hochtechnologie für die Stadt der Zukunft* (acatech bezieht Position, Nr. 10), Heidelberg u.a.: Springer Verlag 2011. Auch in Englisch erhältlich (als pdf) über: www.acatech.de

acatech (Hrsg.): *Akzeptanz von Technik und Infrastrukturen* (acatech bezieht Position, Nr. 9), Heidelberg u.a.: Springer Verlag 2011.

acatech (Hrsg.): *Nanoelektronik als künftige Schlüsseltechnologie der IKT in Deutschland* (acatech bezieht Position, Nr. 8), Heidelberg u.a.: Springer Verlag 2011.

acatech (Hrsg.): *Leitlinien für eine deutsche Raumfahrtpolitik* (acatech bezieht Position, Nr. 7), Heidelberg u.a.: Springer Verlag 2011.

acatech (Hrsg.): *Wie Deutschland zum Leitanbieter für Elektromobilität werden kann* (acatech bezieht Position, Nr. 6), Heidelberg u.a.: Springer Verlag 2010.

acatech (Hrsg.): *Intelligente Objekte – klein, vernetzt, sensitiv* (acatech bezieht Position, Nr. 5), Heidelberg u.a.: Springer Verlag 2009.

acatech (Hrsg.): *Strategie zur Förderung des Nachwuchses in Technik und Naturwissenschaft. Handlungsempfehlungen für die Gegenwart, Forschungsbedarf für die Zukunft* (acatech bezieht Position, Nr. 4), Heidelberg u.a.: Springer Verlag 2009. Auch in Englisch erhältlich (als pdf) über: www.acatech.de

acatech (Hrsg.): *Materialwissenschaft und Werkstofftechnik in Deutschland. Empfehlungen zu Profilbildung, Forschung und Lehre* (acatech bezieht Position, Nr. 3), Stuttgart: Fraunhofer IRB Verlag 2008. Auch in Englisch erhältlich (als pdf) über: www.acatech.de

acatech (Hrsg.): *Innovationskraft der Gesundheitstechnologien. Empfehlungen zur nachhaltigen Förderung von Innovationen in der Medizintechnik* (acatech bezieht Position, Nr. 2), Stuttgart: Fraunhofer IRB Verlag 2007.

acatech (Hrsg.): RFID wird erwachsen. Deutschland sollte die Potenziale der elektronischen Identifikation nutzen (acatech bezieht Position, Nr. 1), Stuttgart: Fraunhofer IRB Verlag 2006.

> acatech – DEUTSCHE AKADEMIE DER TECHNIKWISSENSCHAFTEN

acatech vertritt die Interessen der deutschen Technikwissenschaften im In- und Ausland in selbstbestimmter, unabhängiger und gemeinwohlorientierter Weise. Als Arbeitsakademie berät acatech Politik und Gesellschaft in technikwissenschaftlichen und technologiepolitischen Zukunftsfragen. Darüber hinaus hat es sich acatech zum Ziel gesetzt, den Wissenstransfer zwischen Wissenschaft und Wirtschaft zu erleichtern und den technikwissenschaftlichen Nachwuchs zu fördern. Zu den Mitgliedern der Akademie zählen herausragende Wissenschaftler aus Hochschulen, Forschungseinrichtungen und Unternehmen. acatech finanziert sich durch eine institutionelle Förderung von Bund und Ländern sowie durch Spenden und projektbezogene Drittmittel. Um die Akzeptanz des technischen Fortschritts in Deutschland zu fördern und das Potenzial zukunftsweisender Technologien für Wirtschaft und Gesellschaft deutlich zu machen, veranstaltet acatech Symposien, Foren, Podiumsdiskussionen und Workshops. Mit Studien, Empfehlungen und Stellungnahmen wendet sich acatech an die Öffentlichkeit. acatech besteht aus drei Organen: Die Mitglieder der Akademie sind in der Mitgliederversammlung organisiert; ein Senat mit namhaften Persönlichkeiten aus Industrie, Wissenschaft und Politik berät acatech in Fragen der strategischen Ausrichtung und sorgt für den Austausch mit der Wirtschaft und anderen Wissenschaftsorganisationen in Deutschland; das Präsidium, das von den Akademiemitgliedern und vom Senat bestimmt wird, lenkt die Arbeit. Die Geschäftsstelle von acatech befindet sich in München; zudem ist acatech mit einem Hauptstadtbüro in Berlin und einem Büro in Brüssel vertreten.

Weitere Informationen unter www.acatech.de

> DIE REIHE acatech POSITION

In dieser Reihe erscheinen Positionen der Deutschen Akademie der Technikwissenschaften zu technikwissenschaftlichen und technologiepolitischen Zukunftsfragen. Die Positionen enthalten konkrete Handlungsempfehlungen und richten sich an Entscheidungsträger in Politik, Wissenschaft und Wirtschaft sowie die interessierte Öffentlichkeit. Die Positionen werden von acatech Mitgliedern und weiteren Experten erarbeitet und vom acatech Präsidium autorisiert und herausgegeben.

MIX
Papier aus verantwortungsvollen Quellen
Paper from responsible sources
FSC® C105338

If you have any concerns about our products,
you can contact us on
ProductSafety@springernature.com

In case Publisher is established outside the EU,
the EU authorized representative is:
Springer Nature Customer Service Center GmbH
Europaplatz 3, 69115 Heidelberg, Germany

Printed by Libri Plureos GmbH
in Hamburg, Germany